Carsten Lekutat

Zwischen Leber und Milz passt immer ein Pils

PIPER

Zu diesem Buch

In seiner Berliner Praxis trifft Carsten Lekutat auf die unterschiedlichsten Menschen, deren Lebensgeschichten den erfahrenen Mediziner nie kalt lassen. Da ist zum Beispiel Frau Fischer, die attestiert haben möchte, dass sie nicht fremdgegangen ist. Oder das Überbein von Frau Eichmann, das von ihr so lange mit einer Bibel malträtiert wird, bis es heilt. Auch privat schont sich der Mediziner nicht und muss schnell einsehen, dass man Eheprobleme besser nicht in einer Badehose löst. Geschichten, wie sie das Leben schreibt, mal komisch, mal tragisch und vor allem immer eins: herzlich.

Wenn er nicht gerade für den WDR vor der Kamera steht, betreibt *Dr. med. Carsten Lekutat* eine Allgemeinarztpraxis in Berlin.

Carsten Lekutat

Zwischen Leber und Milz passt immer ein Pils

Rezeptfreie Geschichten aus der Hausarztpraxis

Piper München Zürich

Mehr über unsere Autoren und Bücher:
www.piper.de

Als Arzt gilt für mich selbstverständlich die Schweigepflicht. Daher wurden alle Personen und Diagnosen in diesem Buch verfremdet.

MIX
Papier aus verantwortungsvollen Quellen
FSC® C014496
FSC
www.fsc.org

Originalausgabe
Januar 2014

Umschlaggestaltung: bürosüd°, München
Umschlagabbildung: Arne Schultz, R9-Studio
Satz: Fotosatz Amann, Aichstetten
Gesetzt aus der Apollo
Papier: Munken Print von Arctic Paper Munkedals AB, Schweden
Druck und Bindung: GGP Media GmbH, Pößneck
Printed in Germany ISBN 978-3-492-30379-8

Inhalt

1 Von Ochsen und Menschen — 9
2 Lassen Sie mich durch – ich werde Arzt — 20
3 Eine Frage der Ehe — 32
4 Weihnachtsmannmütze — 40
5 Absolution — 50
Der Allgemeinarzt — 59
6 Gesundheitspark Dr. Bach — 63
7 Der Seelensee — 74
Der Chirurg — 84
8 Party — 87
9 Muh! — 92
Der Internist — 103
10 Werners Geist — 106
11 Notdienst, ich komme — 117
12 Pool-Nudel — 127
Der Urologe — 135
13 Herzenssachen — 138
14 Die Kommune — 150

Der Psychiater — 161
15 Folie à deux — 164
16 Alles Taktik — 173
17 Entschuldigung, aber ich sterbe — 178
18 Steinalt — 186
19 Halt-Stopp — 194
20 Miss Piggys Tochter — 202
21 Schlangenherz — 212
22 Auf zu neuen Ufern — 221

Meinen Töchtern.
Ich wünsche euch, dass ihr auch einmal einen so schönen und erfüllenden Beruf findet.

1

Von Ochsen und Menschen

Als ich den Entschluss fasste, Arzt zu werden, war ich gerade mal zwölf Jahre alt. Damals wollte ich unbedingt Menschen helfen. Der Hausarzt sein, dem sich die gesamte Familie anvertraut. Immer verfügbar für meine Patienten, Tag und Nacht. Aber was weiß ein zwölfjähriger Junge schon von ständiger Rufbereitschaft? Von nächtlichen Hausbesuchen oder einer Hausbesuchspauschale in Höhe von 21,20 Euro?

Diese Nebensächlichkeiten waren mir damals zum Glück noch ganz egal. Ich wollte einfach nur Arzt werden. Und ich konnte es kaum erwarten.

Als Vierzehnjähriger war meine Ungeduld so groß, dass ich unbedingt meine chirurgischen Fähigkeiten verbessern wollte und suchte deshalb nach einem geeigneten Opfer. Genau genommen waren noch gar keine chirurgischen Fähigkeiten vorhanden, die man hätte verbessern können – zumindest keine, die über das fachgerechte Zerlegen eines Schnitzels in der heimischen Küche hinausgingen. Ich stürzte mich also auf das frisch geschossene Wildschwein, das ein Bekannter bei uns abgeladen hatte, und machte mich ans Präparieren. Der daraus hervorgegangene Wildschweinbraten hatte meinen Eltern zwar nicht mehr allzu gut geschmeckt, doch ich war meinem Bildungsauftrag gerecht geworden. Denn mit großer Präzision hatte ich mich den Fasern und Knorpeln gewidmet, sodass meine Eltern nach meiner Aktion den lateinischen Namen jedes einzelnen Muskels kannten, der auf ihrem Teller lag.

Aber ein Entrecôte schmeckt eben auch nur so lange gut, wie man verdrängen kann, dass es sich um den Musculus longissimus dorsi handelt …

Da ich meinen Eltern nicht noch öfter den Appetit verderben wollte, musste ich andere Möglichkeiten finden, meine Anatomiekenntnisse und chirurgischen Fähigkeiten zu trainieren. Und die fand ich in einer Kleintierhandlung um die Ecke. Nach dem Motto »frisch gewagt ist halb approbiert« fragte ich den Besitzer, ob er nicht irgendwelche toten Hasen oder Meerschweinchen hätte, an denen ich üben könnte. Ich hatte schließlich gelesen, dass Medizinstudenten an genau diesen Tieren geschult wurden. Was mir das später im Studium für einen Vorteil verschaffen würde! Leider gab es keine toten Hasen in der Tierhandlung – aber einen toten Papagei. Der Besitzer des Ladens überreichte ihn mir mit den Worten: »Und wenn du herausgefunden hast, woran er gestorben ist, dann lass es mich bitte wissen.«

»Natürlich«, antwortete ich zuversichtlich. Was sollte ich auch sagen? »Nein, ich will nur üben?«, oder »Ich habe keine Ahnung von Vögeln oder Anatomie und bin froh, wenn ich die Leber von der Milz unterscheiden kann«?

Ich nahm also den toten Vogel mit nach Hause. Da aber zunächst einmal Schularbeiten anstanden, musste die Sektion warten, und ich entschied mich, den Papagei im Tiefkühler zwischenzulagern.

Leider ging meine Mutter vor mir an das Tiefkühlfach. Sie erwartete Fischstäbchen und Blattspinat, doch stattdessen fiel ihr eine dreihundert Gramm schwere Grünwangenamazone im gefrorenen Zustand entgegen. Fischstäbchen gab es an diesem Tag keine mehr für mich. Aber Arzt wollte ich trotzdem immer noch werden.

Seit der gefrorenen Grünwangenamazone waren einige Jahre vergangen, doch meine Begeisterung für die Medizin war ungeborchen. Naja, fast. Vielleicht hätte ich mich bei der Praxisgründung doch lieber für den schicken Ku'damm entscheiden sollen. Die Sonne war schon lange untergegangen, und ich war wieder einmal überrascht, wie ländlich Berlin doch sein konnte. Meine Hausarztpraxis lag am nördlichen Stadtrand des ehemaligen Westteiles der Stadt. Da der Berliner zu Zeiten der deutsch-deutschen Teilung nicht einfach ins Grüne fahren konnte, hatte der Senat damals darauf geachtet, auch innerhalb des Stadtgebietes ländliche Flächen zu erhalten. Und durch so eine ländliche Fläche kämpfte ich mich nun auf meinem alten Fahrrad. Der Boden war gefroren, und eine dünne Schneedecke bedeckte den Asphalt.

Hätte ich mich am Ku'damm niedergelassen, würde ich jetzt die warme U-Bahn nehmen. Oder ein Taxi. So was können sich Ku'damm-Ärzte bestimmt leisten. Aber nein – es musste ja die kleine Praxis am Stadtrand sein. Manchmal hätte ich gerne den zwölfjährigen Jungen von damals, der mir das alles eingebrockt hat, ordentlich geohrfeigt.

Meine Patientin, Frau Koslowski, wohnte schon seit ihrer Geburt in dem alten Haus, und das waren mittlerweile 80 Jahre. Sie hatte das Anwesen von ihren Eltern geerbt, die es wiederum von ihren Eltern vermacht bekommen hatten. Warum das Haus allerdings seit dem Erstbezug durch die Koslowski-Familie im vorletzten Jahrhundert nicht ein einziges Mal renoviert worden war, erschloss sich mir nicht. Aber auch Frau Koslowski selber wurde ja seit 80 Jahren nicht renoviert. In den vielen Jahren, in denen sie meine Patientin war, hatte sie noch jeden Therapievorschlag dankend abgelehnt.

Und auch ihr Ehemann besaß nicht die nötige »Regelfolgebereitschaft«, wie Ärzte das Verhalten mündiger Patienten gerne abschätzig bezeichnen. Aber Herr Koslowski hatte Anstand. Er kam gar nicht erst in meine Praxis, um dann die vorgeschlagenen Therapien abzulehnen, wie seine Gattin. Er ließ sich gar nicht erst blicken.

Und zu diesem Pärchen war ich nun zum Hausbesuch gerufen worden. Ich stellte mein Fahrrad im Vorgarten ab und klopfte an die Tür. Das schreibe ich nicht etwa, weil es dramatischer klingt als »ich klingelte«. Nein, ich klopfte tatsächlich, weil Familie Koslowski nämlich keine Klingel besaß. Die hatte es im letzten Jahrhundert offenbar noch nicht gegeben. Es dauerte eine gefühlte Ewigkeit, bis ich Schritte im Windfang hörte.

»Wer ist da?«, rief Frau Koslowski, ohne Anstalten zu machen, die Tür zu öffnen.

»Der Doktor!«

»Wer?«

An sich bin ich ja ein freundlicher Mensch und auch

einigermaßen humorvoll. Diese Eigenschaften verliere ich allerdings bei gefühlten minus zwanzig Grad und einer Besucherpauschale von weniger als zwei Pizzen mit Cola schon mal aus den Augen.

»Hier ist der Doktor! Frau Koslowski! Es ist kalt! Machen Sie bitte die Tür auf!«

Wer einmal ein zu altes Haus mit einer zu alten Ofenheizung betreten hat, der kennt das sonderbare Warm-aber-dennoch-kalt-Klima, das mir bei Betreten des Gebäudes entgegenschlug. Die feuchte Hitze im Gesicht und ein kaltes Gefühl im Rücken, folgte ich Frau Koslowski in die gute Stube. Welche anaeroben Bakterien gedeihen in diesem Klima wohl besonders gut? Nicht jeder Keim braucht Sauerstoff, um sich zu vermehren. Unangenehme Zeitgenossen wie Clostridien, Legionellen und Neisserien, aber auch viele Dauerbewohner unseres Darmes lieben eine Atmosphäre mit wenig frischer Luft. Allerdings brauchte Frau Koslowski im Gegensatz zu ihren Darmbakterien Sauerstoff, und daher öffnete ich erst mal das Wohnzimmerfenster. Doch diese therapeutische Leistung, die ich ihr nicht einmal berechnet hätte, wurde von meiner Patientin sofort abgelehnt.

»Ich schleppe doch nicht die ganze Kohle hier rein, damit die schöne Wärme in den Garten verschwindet«, belehrte sie mich.

»Frau Koslowski, was kann ich denn für Sie tun?«

Ich wollte diesen Besuch so schnell wie möglich hinter mich bringen. Es war ja nicht mein erster Einsatz heute.

Zehn Stunden Sprechstunde und zwei weitere Hausbesuche hatte ich bereits absolviert. Das sollte der letzte Besuch für heute sein, und ich freute mich auf meine warme Wohnung und mein warmes Bett. Vielleicht hatte mir meine Frau Joanna auch schon einen dampfenden Tee gemacht und die Decke auf meinem Lieblings-Sofa für mich ausgebreitet. Ich würde meiner kleinen Tochter Lilli einen Gutenachtkuss geben und den Abend in den Armen meiner Frau ausklingen lassen. Aber vorher musste ich rausfinden, was Frau Koslowski fehlte.

»Nehmen Sie erst mal Platz, Herr Doktor«, sagte sie und ging aus dem Wohnzimmer. »Ich mache uns einen schönen Tee.«

Eine ungeschriebene Regel im Arzt-Patienten-Verhältnis lautet, dass der Patient dem Arzt jederzeit widersprechen darf, der Arzt aber nie dem Patienten – wenn er ihn nicht verlieren möchte. Und das möchte er nicht. Genauer gesagt, möchte das die Bank nicht, die den Kredit für die Praxisgründung gnädig genehmigt hat.

Dieses Ungleichgewicht des ärztlichen Beziehungsgeflechtes lernt man schon an der Uni kennen. Im Krankenhaus gilt diese Regel in leicht abgewandelter Form. Sie bestimmt unter anderem das Verhältnis des Stationsarztes zu Oberarzt, Krankenschwestern und Reinigungspersonal. Gut, als Arzt kann man natürlich diesen Personen widersprechen. Aber die Konsequenzen wären grauenvoll: Nächtliches Wecken zum Blutdruckmessen und ein dreckiges Nachtdienstbett sind nur einige Spielarten kleiner Gehässigkeiten, mit denen unser Berufsstand zu kämpfen hat.

Ich widersprach meiner Patientin also nicht und wartete geduldig auf den Tee.

»Bitte, Herr Doktor. Es ist Hagebutte mit Milch.« Frau Koslowski stellte das Teekännchen und zwei Tassen auf den Wohnzimmertisch und eilte in die Küche, um ein paar Kekse zu holen.

»Frau Koslowski! Was kann ich denn heute für Sie tun?«, rief ich ihr hinterher.

»Sie können schon mal den Tee einschenken!«

»Nein, das meine ich nicht. Ich meine: Was fehlt Ihnen? Warum haben Sie mich gerufen?«

Wie ein Blitz kam Frau Koslowski in das Wohnzimmer zurückgeeilt. Sie schaute mich böse an und legte ihren Zeigefinger an den Mund, um mir zu signalisieren, dass ich still sein sollte.

»Psst!«, fuhr sie mich an. »Walter darf uns nicht hören.«

»Wo ist Ihr Mann eigentlich?«

»Er schläft.«

»Und warum darf er nicht wissen, dass ich bei Ihnen bin?«, fragte ich verwundert.

»Weil Sie heute nicht bei mir sind. Sondern bei ihm. Mir geht es doch gut, Herr Doktor.«

Es ist schon erstaunlich, wie häufig Patienten zu mir kommen, um über ihren Partner zu sprechen. Natürlich immer ohne dessen Wissen. Ganze Verschwörungsszenarien werden dann zwischen Hausarzt und Patient entwickelt. Meistens kommen die besorgten Ehefrauen zu mir, weil der Mann sich weigert, selber zum Arzt zu gehen. Häufig kommt die Patientin in meine Praxis und schiebt irgendeine eigene Beschwerde vor. Sehr beliebt sind dabei Bauchschmerzen.«

Die Innere Medizin kennt mehr als 50 000 verschiedene Diagnosen. Und die Allgemeinmedizin kümmert sich um Patienten aus allen Fachrichtungen. Zu den 50 000 internistischen Leiden kommen also noch Krankheiten aus der Frauenheilkunde, der Chirurgie, der Neurologie, der Orthopädie und natürlich auch der Psychiatrie hinzu. Und jede von ihnen kann sich durch

Bauchschmerzen bemerkbar machen. Meistens läuft es also so: Nachdem ich mir mindestens fünf Minuten lang Gedanken über die Einstufung des Schmerzes gemacht habe und mindestens dreißig verschiedene, meist bösartige Erkrankungen ausgeschlossen habe, winkt die Patientin plötzlich ab und wechselt das Thema.

»Ist ja nicht so schlimm. Aber wenn mein Mann das nächste Mal zu Ihnen kommt – sagen Sie ihm aber nicht, dass ich Ihnen das gesagt habe – dann …«

Ich fühle mich dann dem Mann gegenüber immer wie ein Verräter, finde es aber trotzdem gut, dass die Frau wenigstens den Mut gefasst hat, mich ins Boot zu holen. Ich vermerke dann brav in der Patientenakte des Mannes die fremdanamnestisch erhobenen Befunde mit dem Hinweis »nicht erzählen, dass Ehefrau hier war«. Aber meistens kommt der Ehemann sowieso nicht in meine Sprechstunde.

Dem wollte Frau Koslowski anscheinend zuvorkommen. In dem Wissen, dass ihr Ehemann sowieso nie die Schwelle meiner Praxis überschreiten würde, hatte sie mich vorsorglich zu sich nach Hause gerufen – unter dem Vorwand einer eigenen Beschwerde. Meine Stimmung wurde dadurch nicht wirklich besser. Wenn ich schon zu einem Besuch geholt werde, dann wünsche ich mir doch wenigstens einen dankbaren Patienten. Und Dankbarkeit war nicht zu erwarten, von einem bereits schlafenden, Ärzte meidenden, im eigenen Haus überraschten Mann.

»Was fehlt Walter denn?«, versuchte ich die Situation voranzutreiben.

Frau Koslowski schaute nervös von rechts nach links, als ob sie sicherstellen wollte, dass Walter nicht heimlich ins Zimmer gekommen war.

»Er hat einen Ochsensack«, flüsterte sie.

Ich würde nicht behaupten, dass ich alle 50 000 Diagnosen der Inneren Medizin kenne. Aber die meisten von ihnen hatte ich zumindest schon einmal gehört oder gelesen. Die Krankheit »Ochsensack« war ganz bestimmt nicht dabei.

Um sicher zu gehen, dass ich mich nicht verhört hatte, flüsterte ich zurück: »Einen Ochsensack?«

»Ja. Seit drei Tagen. Und er will nichts dagegen tun.« Frau Koslowski war den Tränen nahe.

Ich muss zugeben, dass ich zunächst recht amüsiert über diese Krankheit war. Aber meine Patientin schien sich wirklich Sorgen zu machen, sodass ich mir eine Anspielung aus dem Bereich der Tiermedizin verkniff.

»Frau Koslowski, was ist denn ein Ochsensack?«, fragte ich mit ehrlichem Interesse.

»Na, ein Sack, so groß wie bei einem Ochsen halt. Das müssen Sie doch kennen!«

Ich wusste nicht, ob ich mich geschmeichelt oder beleidigt fühlen sollte, aber die Größe meiner Genitalien kannte Frau Koslowski sicher nicht. Ich entschied mich trotzdem fürs Geschmeicheltsein und sagte: »Dann schauen wir uns jetzt den Hoden Ihres Mannes mal an.«

»Aber heimlich!«, zischte die alte Dame.

Also schlichen wir leise ins Schlafzimmer, und während ich noch darüber sinnierte, was für eine absurde Situation das war, hob Frau Koslowski die Bettdecke über ihrem schlafenden Mann an, und schon leuchtete ich mit der Lampe meines Ohrenspiegels auf den entblößten Unterleib. Und tatsächlich!

Ich kann zwar die Dimension des Gemächts eines

Ochsen nicht einschätzen, aber Walter Koslowskis Hoden war riesig. Genauer gesagt, der Hodensack war riesig – mindestens auf das Fünffache seiner normalen Größe angeschwollen.

»Sehen Sie?«, flüsterte Frau Koslowski. »Das war früher nicht so«, fügte sie entschuldigend hinzu.

»Das ist ein Skrotalödem«, erklärte ich.

»Wie bitte?«

»Ihr Mann hat Wasser im Sack.« Das war wahrscheinlich verständlicher, zumindest nickte die alte Dame beeindruckt.

»Und wie kommt das da wieder raus?«, wollte sie wissen.

»Die Frage ist vielmehr: Wie ist das da reingekommen?«, bemerkte ich.

»Also, ich war's nicht. Wir machen so was schon lange nicht mehr.«

Der letzte Satz lag bedeutungsschwanger im Raum, während Frau Koslowski ihren Mann wieder zudeckte. Leise gingen wir zurück ins Wohnzimmer, um Walter nicht aufzuwecken. Für ein Skrotalödem gibt es viele Ursachen. Entzündungen sind die harmlosesten, Herzerkrankungen und Tumoren die schlimmsten. Was Herrn Koslowski fehlte, würde ich nur durch weitere Untersuchungen herausfinden können.

»Ihr Mann muss morgen zu mir in die Praxis kommen«, fing ich vorsichtig an. »Wir müssen rauskriegen, was hinter dieser Schwellung steckt.«

»Das macht der nie«, winkte meine Patientin ab.

»Muss er aber. Erstens kann der Hoden Schaden nehmen …«

»Das macht nichts!«, unterbrach mich Frau Koslowski. »Wir wollen keine Kinder mehr.«

»Frau Koslowski, Sie sind 80 Jahre alt. Natürlich wollen Sie keine Kinder mehr. Aber der Hoden produziert mehr als nur Samenzellen. Und selbst wenn *Sie* die Hoden Ihres Mannes entbehren können und zur Kastration freigeben würden, hinter so einer Schwellung kann eine ernsthafte Erkrankung stecken. Und das müssen wir herausfinden.«

»Aber sagen Sie ihm nicht, dass Sie bereits hier waren«, bat mich die Dame. »Wenn wir morgen bei Ihnen sind, müssen Sie den Hoden wie zufällig entdecken.«

Als ich in die kalte Winterluft hinaustrat und mich auf mein Fahrrad setzte, überlegte ich, wie man einen Hoden wohl zufällig entdeckt. Selbst bei einem Ochsenhoden würde sich das sehr schwierig gestalten …

2

Lassen Sie mich durch – ich werde Arzt

Klar fahre ich gerne Fahrrad. Aber nicht im Schneesturm und nicht nach Ende eines solchen Tages. Wer behauptet, Sport am Abend mache den Kopf frei von allen Sorgen, geht bestimmt auch ohne Thermo-Unterwäsche nach Norwegen wandern. Weil's so schön und gesund ist. Aber Berlin ist nicht Norwegen. Die Fjorde der Großstadt bestehen aus vermatschten Straßen und durch den Schnee unsichtbar gewordene Straßenbahnschienen.

Mein Kopf wurde während der Nachhausefahrt durch das verschneite Berlin kein bisschen freier. Im Gegenteil. Meine Gedanken kreisten noch immer um die Patienten des Tages. Hatte ich bei Frau Falkenhorst den Husten wirklich genügend abgeklärt, oder sollte ich doch noch eine Röntgenaufnahme machen? Warum lässt sich der Bluthochdruck von Herrn Lowerick nur so schwer einstellen? Und warum hat Herr Koslowski diesen gigantischen Hoden?

Aber auch meine Praxis machte mir Sorgen. Aus übermütiger Freude darüber, dass ich endlich Facharzt war, hatte ich die kleine Praxis am Stadtrand viel zu teuer gekauft. Meine Bank störte das nicht wirklich, und so war ich genau so weit verschuldet, dass nach der Zahlung der Rate zwar nicht mehr viel Geld für mich übrig blieb, eine Kündigung des Kredites aber mein finanzielles Ende bedeutet hätte.

Je mehr Eiskristalle sich an meinem Dreitagebart bildeten, desto wilder wirbelten meine Gedanken im Kreis. Während ich mit einer Hand den kalten Lenkergriff meines Fahrrades festhielt und versuchte, die Spur zu halten, fischte ich mein Handy aus der Manteltasche und wählte die Nummer meiner Frau. Vielleicht würde ihre Stimme mich noch einmal daran erinnern, warum ich das alles tat. Und weshalb ich eigentlich Arzt geworden war.

»Ich kann jetzt nicht«, begrüßte mich Joanna kurz angebunden. Das ist der Nachteil der Rufnummerübermittlung. Entweder gehen die Leute gar nicht mehr ans Telefon, wenn sie sehen, wer dran ist, oder sie fallen gleich mit der Tür ins Haus.

»Bis du im Stress? Ist was mit Lilli?«, fragte ich besorgt.

»Sie hat gerade das komplette Gläschen Gemüseallerlei mit Mini-Pasta und zartem Bio-Rind ausgespuckt. Der ganze Boden ist voll damit! Ich wusste gar nicht, dass ein neun Monate altes Kind so weit spucken kann!«

»Ich wollte dir nur sagen, dass ich auf dem Heimweg bin.«

Wahrscheinlich hatte ich insgeheim gehofft, dass die Ankündigung meiner baldigen Ankunft so etwas wie

Freude bei Joanna hervorrufen würde. Freude, die vielleicht sogar in das Aufbrühen eines frischen Tees münden könnte. Weit gefehlt.

»Dann komm mal heim.«

»Du wirst nicht glauben, was ich eben auf meinem Hausbesuch erlebt habe.« Aber Joanna hatte das Gespräch schon beendet.

Handys machen nicht »klick« beim Auflegen, sie sind einfach still. Der nasse Schnee in meinem Gesicht, der kalte Wind und die plötzliche Stille ließen mich spüren, wie weit ich noch zu radeln hatte. Ärgerlich steckte ich das Handy wieder in die Jackentasche. Aber über wen ärgerte ich mich eigentlich? Joanna konnte nichts dafür, dass ich unzufrieden war. Sie hatte genug eigene Sorgen. Und Lilli war viel zu klein, um für mein Seelenheil verantwortlich zu sein. Auch Frau Koslowski und ihr übermäßig bestückter Gatte hatten nichts mit meiner Entscheidung zu tun, bei jedem Wetter Hausarzt zu sein. Ich alleine war dafür verantwortlich.

Dabei hatte meine Liebe zur Medizin gar nicht so romantisch begonnen. Es gibt Momente im Leben, die sich in der Erinnerung einprägen wie ein schiefer Stein in einem Mosaik. Die passen da irgendwie nicht hin, aber trotzdem machen sie das Bild interessant.

Einer dieser Momente war der Tag, an dem ich mich entschieden hatte, Arzt zu werden. So selbstverständlich und unumstößlich, wie das nur einem zwölfjährigen Jungen möglich ist.

Und wie man bei einem Mosaik immer auf den einzigen schiefen Stein schielt, kehrten meine Gedanken auch jetzt zu diesem Moment meiner Kindheit zurück.

Ich hatte im Wohnzimmer gesessen, während meine

Mutter die Wäsche bügelte, und mir war langweilig gewesen. Stinklangweilig.

Meine Mutter schaute mich genervt an. »Lies doch was, wenn dir langweilig ist.«

»Was denn?«

»Du hast doch so viele Bücher. Du musst sie dir nur holen.«

Von der Couch aus schaute ich zum Bücherschrank meiner Eltern hinüber, der deutlich näher war als mein Zimmer. Ich blickte auf die Titel der Werke, die im Regal standen. Dicke Wälzer wie *Krieg und Frieden* und *Der Butt*, sicherlich nicht die geeignetste Lektüre für einen Zwölfjährigen. Aber ich war einfach zu faul, um in mein Zimmer zu gehen und mir dort etwas zum Lesen zu holen.

»Ich will nichts lesen«, maulte ich.

»Wenn dir langweilig ist, bist du unausstehlich!«

»Bin ich gar nicht!«

Das einzige Buch im Regal meiner Eltern, das halbwegs interessant aussah, hatte eine Zeichnung auf dem Buchrücken. Es hieß *Erklär mir das – der Mensch*. Einerseits fand ich gut, dass auch meine Eltern ein Buch mit einem Bild auf dem Rücken besaßen, zum anderen verstand ich aber den Titel nicht. Sollte es nicht vielmehr heißen *Erklär mir das, Mensch!*? Oder noch besser: *Mensch, erklär mir das bitte mal!*?

Aber vielleicht war es ja ein Buch über den menschlichen Körper. Zumindest war die Strichzeichnung eines nackten Menschen darauf abgebildet – natürlich ohne Geschlechtsteile, wie sich das für die frühen Achtzigerjahre gehörte. Aber das konnte im Innenteil des Buches natürlich ganz anders sein, also zog ich es neugierig aus dem Regal.

Wenn Langeweile durch Neugierde verdrängt wird, geht das nicht von einem Augenblick auf den anderen. Die beiden Gefühle sind einfach zu unterschiedlich, als dass sie nahtlos ineinander übergehen könnten. Keinesfalls kann einem langweilig sein, während man gleichzeitig neugierig ist. Das ist ein innerer Kampf, bei dem nicht selten die Langeweile gewinnt. An diesem Tag aber war es anders.

»Okay, ich lese was«, gab ich mich geschlagen.

»Gott sei Dank!« Meine Mutter wandte sich wieder dem Bügelbrett zu.

Als ich das Buch aufschlug, war mir sofort klar, dass es ein Medizinbuch war: Alles voll mit biologischen Strichzeichnungen. Hier fanden sich endlich neben Abbildungen von Bakterien, Gehirnen und Därmen auch Zeichnungen der Genitalorgane. Da ich aber mit meinen zwölf Jahren schon aufgeklärt war (daran erinnere ich mich, nicht aber daran, wer mich eigentlich aufgeklärt hatte), fand ich die Penis- und Vagina-Zeichnungen gar nicht soooo aufregend. Vielmehr faszinierte mich, wie es in unserem Inneren so aussah. Und was alles passieren konnte, wenn es im Körper nicht mehr ganz so reibungslos lief.

Was gab es nicht alles für Krankheiten! Lepra, Schlaganfall, Gicht. Nein, AIDS gab es noch nicht, zumindest nicht in *Erklär mir das – der Mensch*. Als ich das Buch aufschlug, war mir langweilig. Als ich das Buch zuschlug, wusste ich: Ich werde Arzt!

»Ich werde Arzt, Mama!«

»Aha.«

Seit dieser Stunde gab es für mich keinen anderen Beruf mehr. Ich kaufte mir in einer Fachbuchhandlung für Medizin ein lebensgroßes Skelett aus Pappe sowie einen Schädel aus Plastik, verbannte die Star-Wars-Modellraumschiffe und Tierposter aus meinem Zimmer und verwandelte unseren Dachboden in ein Sprechzimmer. Von Geheimnissen hielt ich als Zwölfjähriger nicht viel, also ließ ich jeden wissen, dass ich Arzt werden würde. Meine Eltern, meine Freunde, meine Lehrer, sogar meine Klavierlehrerin. Die interessierte sich nicht wirklich für meine Entscheidung, nutzte aber das Stichwort, um sich bei mir über ihren Hausarzt zu beschweren. Sie hätte doch Schmerzen im Nacken, und der würde einfach nichts finden.

So lernte ich schon sehr früh drei Dinge, die mich mein Leben lang begleiten sollten. Erstens, sprich nie Menschen auf Gesundheitsthemen an, wenn du die Antwort nicht ertragen kannst. Jeder hat was über seine Beschwerden zu erzählen, und wenn man auch nur so tut, als hätte man den Hauch einer Ahnung, ist man hoffnungslos im Redeschwall des Gegenübers gefangen.

Zweitens fand ich heraus, dass der Patient immer alles besser weiß als sein Arzt. Warum konnte der Quacksalber nicht die Ursachen der Nackenschmerzen finden? Das muss doch die Bandscheibe gewesen sein!

Und drittens lernte ich die wahrscheinlich wichtigste Lektion meiner Kindheit: Ich konnte meine Klavierlehrerin mit Gesundheitsthemen vom Unterricht ablenken! Eine äußerst wertvolle Erkenntnis, denn wenn ich eins mehr hasste als Klavierspielen, dann war es Klavierüben. Bei jeder Gelegenheit lenkte ich von da an die Gespräche beim Musikunterricht auf Körperfunktionen und deren Versagen – und konnte damit gut von meinem eigenen ablenken. Lasst mich durch, ich werde Arzt!

Nachdem der Entschluss gefasst war, Medizin zu studieren, begann ich gleich das Berufsfeld zu erkunden: Ich erinnere mich noch an Literatur wie *Doktor Ahoi – Geschichten eines Schiffsarztes* und etliche Folgen der *Schwarzwaldklinik*, die ich irgendwie ernster nahm, als meine Freunde es taten. Ich fand die Geschichten um Liebe und Intrigen störend und freute mich jedes Mal, wenn nach einem schweren Autounfall in herrlicher Schwarzwaldlandschaft die Fernseh-Ärzte im OP um das Leben des Patienten kämpften. Doch als der junge Brinkmann in die Unfallklinik nach Hamburg versetzt wurde und die hässliche Seite des Arztberufes gezeigt wurde, fand ich die Serie plötzlich unrealistisch.

Seltsamerweise wird man für andere Menschen interessanter, wenn man sich der Medizin widmet. Und dafür muss man noch nicht einmal angefangen haben zu studieren – der Wunsch reicht aus. Nachdem ich auch bei meinen Lehrern hatte durchblicken lassen, dass ich eines Tages den Olymp des Arztberufes erklimmen würde, verbesserten sich plötzlich meine Schulnoten – von ganz alleine, ich musste gar nichts dafür tun. Das Medizinstudium hatte schon vor seinem eigentlichen Beginn eine solche Strahlkraft, dass allen klar war: Wenn der Medizin studieren wird, dann muss er wirklich schlau sein. Ich hatte es gar nicht mehr nötig, das auch zu beweisen. Zum ersten Mal in meinem Leben behandelte ich andere Menschen mit einem Placebo – und das Placebo war ich selbst.

Ich stieg im Ansehen meiner Mitmenschen, ohne dafür etwas geleistet zu haben. Unser Nachbar sah mich eines Tages verschmitzt an und sagte: »Wenn du

Arzt wirst, dann hast du ja finanziell ausgesorgt. Da verdienst du Geld ohne Ende.«

Darüber hatte ich bis dahin noch gar nicht nachgedacht. Geld war mir bislang nicht wichtig, hatte ich doch alles, was ich wollte, immer von meinen Eltern bekommen. Trotzdem lächelte ich unseren Nachbarn wissend an, als wollte ich sagen: »Du hast es erfasst, deswegen will ich ja Arzt werden.«

Er klopfte mir stolz auf die Schulter, und ich hatte das Gefühl, dass er zu mir aufschauen würde. Was insbesonders deshalb seltsam war, weil er größer als zwei Meter war, und ich erst zwölf.

Unterschätzen Sie niemals ein Kind mit einer Mission. War ich ein guter Schüler? Keine Ahnung. Aber ich hatte ein Ziel. Anstatt Lateinvokabeln zu lernen, übte ich lieber für den Medizinertest. Damals wurden einige Studienplätze für Abiturienten vergeben, die besonders schnell stumpfsinnige Aufgaben in einem eigens für angehende Ärzte erstellten Intelligenztest lösen konnten. Damals hätte es mir zu denken geben sollen, welche Fähigkeiten von den Medizinstudenten verlangt wurden. So musste man blödsinnige Patientengeschichten auswendig lernen, um sie nach einer halben Stunde wieder zu vergessen, Bilder von Wollknäueln in Glaswürfeln gedanklich in allen Ebenen des Raumes drehen und schier endlose Zeilen mit den Buchstaben q und p lesen, um die q's von den p's zu unterscheiden.

Jedenfalls wurde ich ein echter Profi in Sachen q und p und daher mit einer mittelmäßigen Abiturnote trotzdem in die heiligen Hallen der medizinischen Fakultät aufgenommen.

Seltsamerweise betrachteten mich die Professoren der Universität nicht mit der gleichen Ehrerbietung, wie sie mir meine Lehrer in der Schule entgegengebracht hatten. Und auch die Assistenten, Sekretärinnen, Mitarbeiter der Mensa oder Tutoren fanden es anscheinend ganz normal, dass wir alle Ärzte wurden. Sogar die Patienten, die ich im Laufe meines Studiums kennenlernte, sahen in mir nicht automatisch den neuen Professor Brinkmann.

Aber Medizin war interessant und machte Spaß. Es war spannend, mit welchen Tricks man es schafft, einen Körper, der aus dem Gleichgewicht geraten ist, wieder im Takt schwingen zu lassen. Aber ehrenvoll war Medizin nicht, und unsere armen Studentenseelen wurden nicht gerade gestreichelt. Feste Hierarchien in den Kliniken und kleine Gemeinheiten zwischen den Studenten verhinderten erfolgreich, dass das Selbstbewusstsein allzu groß wurde.

Was dazu führte, dass ich mich vom Leben betrogen fühlte und kaum das Ende des Studiums abwarten konnte, um endlich den Titel »Arzt« offiziell tragen zu dürfen. Vielleicht ließen sich ja Teile meiner Kindheitsträume zurückgewinnen.

Was dann eines Morgens tatsächlich passierte – leider vier Monate zu früh.

Das letzte Jahr als Medizinstudent verbringt man im sogenannten »Praktischen Jahr«. Man ist noch Student, arbeitet aber schon auf den verschiedenen Stationen der Klinik mit. Drei verschiedene Fachrichtungen muss der angehende Arzt absolvieren.

An besagtem Morgen war ich auf dem Weg in den letzten Abschnitt des Praktischen Jahres. Ich hatte gerade meine chirurgische Zeit in einem städtischen Krankenhaus beendet und saß im überfüllten Bus zu meiner neuen Stelle – der erste Tag in der letzten Abteilung, in der ich als Student arbeiten würde. In vier Monaten wäre ich endlich Arzt!

Ich hing meinen Gedanken nach, was mich wohl in der neuen Abteilung erwarten würde. Ich hatte mich für eine Rotation in der Anästhesie entschieden. Narkosen erschienen mir eine interessante Sache zu sein, und als ich so träumend im Bus saß, geschah es: An der Haltestelle vor dem Klinikum brach im hinteren Teil des Busses ein älterer Herr zusammen. Sofort bildete sich eine Menschentraube um den Bewusstlosen. Ich witterte meine Chance, konnte ich doch endlich meine Kenntnisse der letzten fünf Jahre anwenden, direkt im wirklichen Leben! Davon hatte ich immer geträumt. Nur *ich* konnte den Patienten retten. Hier war er wieder, mein Kindheitstraum! *»Erklär mir das – der Mensch«*. Und dahinten im Bus lag er. Nur, wie sollte ich zu ihm kommen? Die Sicht war von den anderen Fahrgästen blockiert, die sensationslustig die Szene beobachteten.

Nervös ging ich auf die Gruppe zu und sprach die magischen Worte: »Lassen Sie mich bitte durch, ich bin Arzt!«

Ich wusste natürlich, dass ich kein Arzt war. Noch! In nur vier Monaten wären diese Worte Wahrheit. Aber damals war ich noch Student. Aber wenn es um Leben und Tod ging, war das nur eine kleine Lüge, beruhigte ich mich.

Und wie durch ein Wunder öffnete sich die Gruppe der Schaulustigen. Wie Moses, der das Wasser teilte, schritt ich vorbei an staunenden und erleichtert wirkenden Gesichtern. Jetzt wird alles gut, strahlte ich aus. Der Doktor ist da!

Da lag der Ohnmächtige, neben ihm kniete eine ältere Dame.

»Das ist ja schön, Herr Kollege. Dann können wir ja gemeinsam helfen«, lächelte sie mich an.

Ich hatte das Gefühl, der Boden unter mir würde nachgeben. Nach fünf Jahren Studium und zwölf Jahren Arztträumen war er endlich da, der Moment, für den es sich zu leben lohnte. Und nun kniete da schon eine andere Medizinerin. *»Doktor Ahoi«*, doch ich war nicht der einzige Held an Bord dieses Busses. Und sie sah auch noch viel erfahrener und vor allem gelassener aus als ich.

»Hallo«, stotterte ich.

»Wie schön, dass Sie mithelfen«, sagte sie, während wir gemeinsam den Patienten versorgten. Also: »Gemeinsam« bedeutete, dass die Ärztin die Luftwege des Patienten sicherte, eine kurze neurologische Statuserhebung durchführte und mit einem Stethoskop das Herz abhörte, während ich professionell die Hand des Mannes festhielt. Eigentlich habe ich mich am Patienten festgehalten. Das war auch nötig, denn die nächste Frage, die mir die Kollegin stellte, riss mir den Boden unter den Füßen weg.

»Wo arbeiten Sie denn?«

Ich Idiot! Ich bekloppter Idiot! Warum musste ich »Hier im Klinikum, auf der Anästhesie« antworten?

»Das ist aber seltsam«, antwortete sie. »Ich bin da Oberärztin und kenne Sie gar nicht!«

Ich kann mich nicht erinnern, wie ich aus dem Bus herauskam, oder was ich vor mich hinnuschelte. In traumatischen Situationen schützt sich der Körper durch eine Abspaltung von Sein und Bewusstsein. Mein Sein stieg wohl aus dem Bus aus und ging Richtung Klinikum, mein Bewusstsein sang inzwischen Kinderlieder und dachte an die Schwarzwaldklinik.

»Da ist er ja, der Arzt, der Leben rettet«, wurde ich im OP schmunzelnd begrüßt. Als einzigen Student erkannten mich die ganzen vier Monate lang alle sofort auch hinter meiner OP-Maske. Es waren verdammt lange vier Monate.

Seit diesem Tag habe ich die magischen Worte »Lassen Sie mich durch, ich bin Arzt« nie wieder ausgesprochen.

3

Eine Frage der Ehe

Meine Praxis befindet sich in einem Berliner Altbau am Rande dieser zu schnell gewachsenen Stadt. Ich mag den Stadtrand von Berlin, hier geht es gemächlicher zu als im Zentrum, die Menschen haben immer ein paar Worte füreinander übrig. Der Stadtrand ist meine Heimat, ein Ort, in den man hineingeboren werden muss, weil keiner freiwillig herziehen würde. Der Teil meiner Stadt, den ich liebe.

Meine Praxis ist klein. Vier Zimmer insgesamt. Ein Sprechzimmer, ein Wartezimmer, ein Labor und eine Anmeldung. Aber mehr braucht ein Hausarzt nicht, um zu arbeiten und glücklich zu sein.

An diesem Morgen saß mir das Ehepaar Kuntsche gegenüber. Zwei typische Berliner, die von Anfang an zu meinem Patientenstamm zählten.

»Können Sie das mit dem Kopf von meiner Brigitte wieder rückgängig machen, Herr Doktor?«

Herbert Kuntsche saß neben seiner Frau und schaute mich erwartungsvoll an.

»Wie stellen Sie sich das vor?«, fragte ich meine Patienten, die Händchen haltend vor mir saßen.

»Meine Frau ist mir unheimlich, Herr Doktor«, flüsterte Herbert Kuntsche mit einem Seitenblick auf seine friedlich lächelnde Gattin.

»Ich meine ja bloß, das vorher, das war doch irgendwie auch nicht schlecht.« Nach einer kurzen Pause fügte er leise hinzu: »Ich hatte mich schon so daran gewöhnt, mit ihr zu streiten.«

Herbert und Brigitte Kuntsche waren ein seltsames Ehepaar. Beide Mitte sechzig, lebten sie nun seit vierzig Jahren in einer mehr oder weniger harmonischen Ehe.

Drei Monate zuvor waren sie zum letzten Mal in meine Praxis gekommen. Brigitte war bei einer Körperhöhe von ungefähr 1,60 Meter mit ihren 120 Kilo schon recht übergewichtig. Adipositas per magna nennen wir Ärzte diesen Zustand. Fettsucht par excellence. »Nun lass mal meine Hand los, Herbert. Ich kann das schon alleine«, hatte Brigitte damals ihren Mann angefaucht.

»Ich mache mir aber Sorgen«, verteidigte sich Herbert Kuntsche.

»Seit wann haben Sie denn diese Kopfschmerzen«, fragte ich und unterbrach das Pärchen, bevor ein Streit ausbrechen konnte.

»Seit heute Morgen. Die kamen ganz plötzlich.«

»Und? Kennen Sie solche Schmerzen schon von früher?«

»Nein. So was hatte ich noch nie.«

»Natürlich hattest du schon Kopfschmerzen. Jeden Monat wieder«, mischte Herbert sich ein.

»Wenn du dich auch immer so unmöglich aufführst.

Außerdem waren das andere Kopfschmerzen. Und du hältst dich da sowieso besser raus. Dir geht es ja gut. Viel zu gut, wenn du mich fragst.«

»Tut es nicht! Nicht wahr, Herr Doktor?« Herbert schaute mich hilfesuchend an.

»Na ja, Ihre Leber könnte schon etwas mehr Ruhe vertragen«, bestätigte ich ihm. Herr Kuntsche litt an einer Fettleber und war dem Alkohol nicht ganz abgeneigt.

»Sie kennen doch den Spruch: Zwischen Leber und Milz, passt immer ein Pils!« Herbert lachte. Natürlich kannte ich den Spruch. Es war einer der ältesten und dümmsten Sprüche der Medizin – und ich musste trotzdem jedes Mal darüber lachen.

»Aber zurück zu Ihrem Kopfschmerz, Frau Kuntsche. Wo sitzt er denn?«, wollte ich wissen.

»Im Nacken und am Hinterkopf.« Sie beugte den Kopf leicht vor, um mir ihren Nacken zu zeigen, und verzog bei der Bewegung schmerzhaft die Augen.

»Tut das schon weh? Die Bewegung, meine ich?«

»Ja.«

»Meiner Frau tut immer alles weh«, sagte Herbert Kuntsche. »Sie übertreibt wieder mal.«

»Nun halt endlich mal die Klappe, Herbert. Geh schon mal runter, und kauf dir ein Bier. Dann bist du wenigstens ruhig, alter Suffkopp.«

»So viel trinke ich nun auch nicht.« Herbert Kuntsche war beleidigt und blieb sitzen.

»Können Sie bitte mal mit dem Kopf nicken, Frau Kuntsche«, bat ich meine Patientin. »Versuchen Sie doch mal das Kinn auf die Brust zu pressen.«

Es gelang ihr nicht. Bei der Beugung des Kopfes hatte Frau Kuntsche starke Schmerzen.

»Das macht mir Sorgen, Frau Kuntsche«, sagte ich. »Sie haben Kopfschmerzen und eine Nackensteifheit. Das könnte an einer Reizung der Hirnhäute liegen.«

»Das kann nicht sein«, unterbrach mich Herbert.

»Warum denn nicht?«, wollte ich wissen.

»Meine Frau hat kein Hirn. Und reizend ist sie auch nicht.«

Herbert Kuntsche lachte lauthals und verschluckte sich dabei so, dass er husten musste.

»Ach, erstick doch«, zischte seine Frau.

»Herr Kuntsche«, fuhr ich ernst fort, »mit einer Reizung der Hirnhäute ist nicht zu spaßen. Es kann eine Meningitis dahinterstecken, also eine Entzündung durch Viren oder Bakterien. Da Ihre Frau aber kein Fieber hat und die Beschwerden so plötzlich aufgetreten sind, muss man auch an eine Hirnblutung denken.«

Herr Kuntsche hatte aufgehört zu husten und schaute mich nun besorgt an.

»Das klingt ja wirklich gefährlich. Was machen wir denn jetzt?«

»Ich rufe einen Rettungswagen und weise Ihre Frau so schnell wie möglich in ein Krankenhaus ein. Frau Kuntsche, das ist wirklich das Beste für Sie. Es tut mir leid.«

»Das muss Ihnen nicht leidtun. Kein Problem. Ein paar Tage Krankenhaus ohne meinen Mann ist für mich bestimmt wie ein Sanatorium.«

Aber damit irrte Brigitte Kuntsche. Als ich das Ehepaar jetzt wieder sah, war Brigitte Kuntsche wie ausgewechselt. Sie hatte tatsächlich eine Hirnblutung gehabt und war noch am Tag der Krankenhausaufnahme ins Koma gefallen. Nur die moderne Intensivmedizin hatte ihr das Leben retten können. Nach dem Krankenhausaufenthalt folgte eine langwierige neurologische Reha-Behandlung. Die war nun abgeschlossen, und deshalb waren sie jetzt hier.

»Danke noch mal, Herr Doktor, wenn Sie nicht gewesen wären, dann hätte ich meine Brigitte verloren.« Herr Kuntsche blickte trotzdem ganz bedrückt drein.

»Das ist wirklich noch mal gut gegangen«, sagte ich mit Blick auf den Arztbrief der Reha-Klinik. »Viele Patienten überleben so eine Aneurysma-Blutung nicht.«

> Besteht bei einer Arterie eine Aussackung der Gefäßwand, spricht der Arzt von einem Aneurysma. Wenn ein solcher Gefäßsack platzt, kommt es zu einer Blutung in das umgebende Gewebe. Bei Aneurysmen im Kopf sind solche Blutungen besonders gefährlich, weil sich der Bluterguss nicht ausdehnen kann, ohne auf das empfindliche Hirngewebe zu drücken. So eine Hirnblutung verläuft nicht selten tödlich. Überlebt der Patient, bleibt dennoch häufig eine lebenslange Behinderung zurück.

»Ich weiß. Deshalb bin ich Ihnen ja auch sehr dankbar. Nur: Meine Frau ist nicht mehr so wie früher.«

Brigitte lächelte ihn an. »Was ist denn, Schatz? Gefalle ich dir nicht?«, sagte sie.

Tatsächlich war auch ich irritiert. War das wirklich die Brigitte Kuntsche, die ich kannte?

»Frau Kuntsche«, sprach ich sie an. »Wie fühlen Sie sich denn?«

»Danke der Nachfrage, Herr Doktor. Mir geht es prima.«

»Und Ihrem Mann?«, wollte ich wissen.

»Ich glaube, dem geht es auch gut. Oder, Herbert? Dir geht's doch gut, Schatz, oder?«

»Sehen Sie, was ich meine?« Herbert Kuntsche schüttelte den Kopf.

»Na ja, ein wenig verändert hat sie die Krankheit tatsächlich. Frau Kuntsche, wissen Sie, welcher Tag heute ist?«

»Aber natürlich. Heute ist Mittwoch, der 16. Mai.«

»Und wissen Sie auch, wer Sie sind?«

»Aber Herr Doktor«, lachte Frau Kuntsche. »Natürlich. Ich bin Brigitte Kuntsche. Und das ist mein lieber Mann Herbert. Und der ist immer für mich da, wenn ich ihn brauche, nicht wahr, Schatz. Bussi!« Sie pustete ein Küsschen in Richtung ihres Mannes.

»Herr Doktor«, sagte Herbert Kuntsche völlig verzweifelt. »Meine Frau ist so … nett!«

Ich blätterte erneut im Arztbrief. Von neuropsychologischen Ausfällen stand da nichts.

»Erzählen Sie mal«, wandte ich mich an Herrn Kuntsche. »Wie war das denn, als Ihre Frau aus dem Koma erwachte.«

»Eigentlich war alles wie immer. Sie schlug die Augen auf und schimpfte mit der Krankenschwester, dass sie das Fenster schließen sollte. Ich dachte noch: Gott sei Dank, jetzt ist sie über den Berg.«

»Das war eine reizende Frau, diese Krankenschwester«, mischte Frau Kuntsche sich ein. »Die waren alle sehr, sehr nett in der Klinik.«

»Und jetzt wo wir wieder zu Hause sind«, fuhr Herbert fort, »ist sie wie ausgewechselt. Sie ist nett und freundlich. Halt gar nicht wie meine Frau.«

»Ich verstehe«, sagte ich. »Gleich nach der Entlassung?«

»Nein, nein. Erst ungefähr seit einer Woche. Sie wurde netter und netter. Erst hörte sie auf zu schimpfen, und nun macht sie mir morgens sogar Kaffee.«

»Ich schlage vor, wir machen noch mal eine Computertomographie vom Kopf Ihrer Frau. Ich will wissen, was da los ist.«

Glücklicherweise war direkt neben meiner Praxis ein radiologisches Institut, und das CT konnte, dank der Überredungskunst meiner Helferin Christine, am gleichen Tag durchgeführt werden. Und der Befund bestätigte meinen Verdacht.

»Frau Kuntsche«, begann ich. »Sie haben eine sogenannte Liquorabfluss-Störung. Ihr Hirnwasser kann nicht richtig zirkulieren. Daher kommt es zu einem Stau in Ihrem Kopf. Deswegen sind Sie so anders.«

»Ach«, sagte Herr Kuntsche. »Und ich dachte schon, die ist vor Schreck einfach so nett geworden.«

»Ich bin doch immer nett«, flötete Frau Kuntsche.

»Na, geht so.« Herr Kuntsche schaute mich traurig an. »Kann man das behandeln?«

»Auf jeden Fall«, sagte ich. »Sonst kann das Gehirn dauerhaft Schaden nehmen.«

»Na, da möchte ich mit meiner Frau aber erst mal drüber schlafen.«

»Herr Kuntsche! Ihre Frau muss behandelt werden!«

Wieder ein paar Wochen später, gleiches Paar, gleiches Sprechzimmer:

»Sag mal, spinnst du, Herbert? Du hast sie doch nicht alle. Alter Suffkopp!«, brüllte Frau Kuntsche.

Herbert Kuntsche sah mich nur an und zuckte ratlos mit den Schultern.

Die Neurochirurgen hatten Brigitte Kuntsche einen

kleinen Ventil-Schlauch eingesetzt, der die Hirnkammer mit dem Bauchraum verband, und der Druck auf das Gehirn ließ nun nach. Frau Kuntsche war wieder ganz die Alte.

»Also Herr Doktor, ich bin ja schon froh, dass ich meine Brigitte wiederhabe. Aber so ein kleines bisschen Wasser im Hirn war manchmal schon ganz praktisch. Den Kaffee muss ich mir jetzt auf jeden Fall wieder selber kochen.«

»Aber das war nicht Ihre Frau«, erklärte ich ihm. »Das Gehirn konnte nicht richtig arbeiten.«

»Und das hier, das nennen Sie richtig arbeiten?«, seufzte Herbert.

»Ach, sei doch still«, schnauzte Brigitte ihn an.

»Es ist nur seltsam, dass so ein bisschen Druck im Kopf aus meiner Frau eine nette Person macht. Das erschreckt mich.«

»Ganz ehrlich, Herr Kuntsche. Mich auch.«

4

Weihnachtsmannmütze

Die Sprechstunde mit einer Weihnachtsmannmütze auf dem Kopf durchzuführen, war wahrscheinlich nicht meine glücklichste Idee des Jahres.

»Das mache ich nicht!« Meine Arzthelferin Michaela schaute mich vorwurfsvoll an.

»Warum denn nicht? Ist doch witzig, und Lachen ist bekanntlich die beste Medizin«, konterte ich.

»Das sieht bescheuert aus!«

»Finde ich gar nicht.« Ich zog mir selbst eine rote Mütze auf den Kopf und lächelte versöhnlich.

»Wie findest du das denn, Christine?«, wandte sich Michaela Hilfe suchend an ihre Kollegin, die sich bereits dem Praxiscomputer zugewandt hatte. Mit einer roten Mütze auf dem Kopf.

»Ist mir doch egal. Wenn Chef das will. Ab Morgen bin ich sowieso im Urlaub.«

Wieder einmal zeigte sich, dass die etwas ältere Helferin eine gewisse Gelassenheit an den Tag legte, während Michaela sich noch nicht ihrem Schicksal ergeben hatte. Als Helferin, die von Anfang zum Team gehörte, war sie zwar einiges gewöhnt, aber das überstieg nun doch ihren Toleranzbereich. Giftig funkelte sie mich an. »Wofür soll das denn gut sein? Du willst doch nicht ernsthaft in diesem Outfit Sprechstunde machen!«

»Es ist Weihnachten, Michaela. Heute ist der letzte Tag. Und die Praxisräume schmücken kann jeder. In unserer Praxis schmücken wir halt das Team und nicht die Wände. Außerdem sind nervige Patienten mit der Mütze bestimmt leichter zu ertragen.«

»Spinner!«

Wir pflegen in der Praxis einen freundschaftlichen Umgangston. Und das funktioniert vor allem, weil ich über viele Kommentare meiner Helferinnen hinwegsehe.

Als ich Michaela gerade antworten will, hält mir Christine den Telefonhörer hin. »Hier ist ein Doktor Bach für dich am Telefon.«

»Worum geht's?«, fragte ich.

»Er sagt, es sei privat.«

Toll. Das sagt jeder, der mich direkt sprechen möchte. Da ich aber keine weitere Lust auf Diskussionen mit meinem Team über die Mützenfrage hatte, sagte ich: »Dann stell ihn mir in mein Sprechzimmer«, und drehte mich zu Michaela um. »Und du setzt bitte die Mütze auf. Entweder alle oder keiner.«

Noch ehe sie etwas entgegnen konnte, war ich weg.

Den Telefonhörer zwischen Ohr und Schulter geklemmt, tippte ich das Passwort in den Computer. Wer dieser Doktor Bach am Telefon war, wurde mir nach den ersten Worten klar.

»Hallo, mein Lieber. Martin hier.«

Oh nein, Martin Bach. Der Nervigste meiner ehemaligen Kommilitonen. Sechs Jahre hatten wir in einer Lerngruppe studiert. Sechs Jahre lang musste ich mir anhören, wie außergewöhnlich schlau Martin Bach war. Wie außergewöhnlich begabt Martin Bach war. Wie außergewöhnlich begnadet Martin Bach war. Schon im Studium war er über Leichen gegangen – mit einem Lächeln im Gesicht.

Zu Beginn unserer Universitätszeit waren wir einer gemeinsamen Lerngruppe zugeteilt worden, in der man sich gegenseitig unterstützen sollte. Davon wollte Martin Bach allerdings nichts wissen. Er lernte für sich allein, nicht aber, ohne uns den ein oder anderen Knüppel zwischen die Beine zu werfen. Prüfungstermine gab er nicht weiter, Aufgaben übermittelte er uns falsch, und Gruppenarbeiten reichte er einen Tag früher unter seinem eigenen Namen ein. Keiner konnte Martin leiden. Das störte ihn aber nicht. Martin ging es immer nur um seinen Erfolg – und um Geld. Er verdiente sich schon während des Studiums ein stattliches Sümmchen dazu, indem er sich unsere Vorlesungsaufzeichnungen auslieh, sie kopierte und an jüngere Semester verkaufte.

»Martin, so kommst du nicht in den Himmel«, sagte ich einmal zu ihm.

»Weißt du was? Das ist mir scheißegal«, antwortet er. »Wenn es einen Himmel gibt, dann läuft das da bestimmt so wie hier unten. Dann lassen die mich rein, weil ich genug Geld habe. Und wenn es keinen Himmel gibt, was ich übrigens für wahrscheinlicher halte, dann lasse ich es mir wenigstens hier auf Erden gut gehen.«

»Hallo, Martin«, ich startete den Internet-Browser auf dem Computer und öffnete Spiegel-Online. Mal sehen, was heute in der Welt so los ist.

»Du wirst nicht glauben, wo ich bin.« Ich konnte Martin förmlich grinsen hören.

»Keine Ahnung.«

»Kanzlerin bereitete sich auf das Weihnachtsfest vor.« Das ist die Topmeldung vom *Spiegel*? Kaum zu glauben.

»Direkt nebenan. Nur eine Querstraße von dir entfernt.«

»Und was machst du hier, Martin?«, fragte ich uninteressiert. Ganz unten auf Spiegel-Online ist doch immer diese lustige Satire. Mal sehen, was heute Thema ist.

»Ich habe mein eigenes Gesundheitszentrum gegründet!«

Vor Schreck klickte ich auf »Alles Drucken«, und der Rezeptdrucker in meinem Zimmer begann weisungsgemäß mit dem Ausdruck der Kolumne »Humor für Leute mit Humor« auf roten Kassenrezepten.

»Du hast was?!?«, rief ich etwas zu laut ins Telefon.

»Ich bin Chefarzt des MVZ Medizinpark Doktor Bach. Mit 35. Unglaublich, oder?«

Das war allerdings unglaublich. Nicht nur, dass Martin Chirurg war. Jetzt war er auch noch Chefarzt. In seinem eigenen Gesundheitszentrum! Über Monate war das alte Geschäftsgebäude in der Feldmannstraße mit Planen abgehängt gewesen. »Wir bauen für Sie!« stand mit großen Buchstaben auf einem Schild. Ich dachte, es würde ein Einkaufszentrum werden, mit Billigbäcker und Zehn-Euro-Friseur. Aber ein Gesundheitszentrum? Direkt neben meiner kleinen Praxis! Es hatte sogar eine elektronische Tafel gegeben, die die Tage bis zur feierlichen Enthüllung herunterzählte. Und die war gestern – was ich vor lauter Ochsenhoden verpasst hatte.

»Herzlichen Glückwunsch.« Es fiel mir schwer, diese Worte an dem Kloß in meinem Hals vorbeizuwürgen.

»Das wollte ich dir nur schnell sagen. Wir führen hier sogar Operationen durch. Unglaublich, nicht wahr? Ich muss jetzt in den OP, hab' schon meine Operationskappe auf. Tschüss, mein Lieber.«

»Tschüss, Martin.«

Ich schaute in den Spiegel an der Wand neben meinem Schreibtisch. Mein Gesicht war blass und unrasiert. Auch ich hatte eine Kappe auf. Es war nicht die OP-Kappe eines heldenhaft Leben rettenden Chirurgen. Es war die Weihnachtsmannkappe eines Vorstadt-Hausarztes. Verschuldet, unausgeschlafen, mit zwei griesgrämigen Helferinnen am Tresen.

Große Träume, nichts dahinter. Zu früh auf der Straße des Erfolges abgebogen. Während die anderen Kommilitonen echte Fachärzte wurden, hatte ich den Weg der Allgemeinmedizin gewählt. Von allem etwas und nichts so richtig. Mehr als einmal musste ich mich auf den Ehemaligentreffen der Uni veräppeln lassen. »Schnupfendoktor«, »Krankschreiber« oder »Facharzt für Formularwesen« waren Worte, die tief in meiner Seele brannten, auch wenn ich nach außen mit meinen Freunden darüber lachte.

Ich nahm die Mütze vom Kopf und legte den Hörer auf. Auch in der Schwarzwaldklinik waren die Ärzte Chirurgen und keine Hausärzte. Wollte ich nicht Leben retten? Wollte ich nicht Anerkennung? Der Arzt sein, auf den alle gewartet hatten? Gott sei Dank, der Doktor ist da! Nur er kann den Patienten retten!

Zögernd setzte ich mir die rote Mütze wieder auf den Kopf. Ich atmete tief durch und schaute auf meinen Computerbildschirm. Das Praxisprogramm zeigte, dass bereits fünfzehn Patienten im Wartezimmer auf mich warteten. Wahrscheinlich alle mit Husten oder Schnupfen. Während Martin vielleicht einen Menschen von seinem Nierentumor befreite und vor dem sicheren Tod rettete, verordnete ich Hustensaft und Lutschtabletten. Es war schon richtig, dass ich derjenige war, der die Weihnachtsmannmütze trug.

»Ich finde die Idee mit der Mütze gut«, sagte Frau Fink, die mir leicht aufgeregt am Tisch gegenübersaß. Als sie mich so anlächelte, fiel mir auf, wie attraktiv die Mitte Dreißigjährige eigentlich war, wenn sie nicht so blass gewesen wäre und diese dunklen Augenringe gehabt hätte. »Meiner Tochter würde das auch gefallen.«

»Wie alt ist Leonie jetzt eigentlich?«, fragte ich.

»Sie ist fünf. Nächstes Jahr wird sie schon eingeschult. Unglaublich, nicht wahr?«

Ich erinnerte mich noch genau an die Schwangerschaft von Franziska Fink. Sie hatte sich so lange ein Kind gewünscht, und nach vielen Jahren hatte es endlich funktioniert. Den Kinderwunsch hatte sie bereits begraben und ihr eigenes Architekturbüro eröffnet, als sie tatsächlich doch noch schwanger wurde. Die Doppelbelastung des eigenen Unternehmens und der Schwangerschaft war damals ganz schön viel für sie gewesen. Und auch nach Leonies Geburt verlangte der Spagat zwischen Arbeit und Familie ihr einiges ab.

Ihr Mann unterstützte sie zwar nach Kräften, aber das lang ersehnte Wunschkind zehrte dennoch sehr an ihr.

»Hier ist der Befund meiner Magenspiegelung, Herr Doktor.« Frau Fink schob mir den Umschlag mit dem Brief des Gastroenterologen über den Tisch zu. »Hat denn meine Müdigkeit nun mit dem Magen zu tun?«

»Der Magen macht nicht müde, Frau Fink. Aber Ihre Blutarmut. Und die Ursache dafür könnte im Magen liegen«, erklärte ich. »Jetzt schauen wir mal, ob der Kollege eine Gastritis finden konnte. Oder vielleicht sogar ein Magengeschwür. Bei dem Stress!«, lächelte ich.

Zuerst hatte ich Franziska Finks Müdigkeit auf die Belastung durch Kind und Arbeit geschoben. Aber nachdem es auch nach einem Urlaub nicht besser geworden war, hatte ich ihr zu einer Laboruntersuchung geraten. Und da fiel die Blutarmut auf. Der Eisenspeicherwert war normal, Eisenmangel schied also als Ursache aus. Irgendwo musste Frau Fink Blut verlieren. Eine starke Periodenblutung war unwahrscheinlich, da sie eine Hormonspirale zur Verhütung trug und nur selten und sehr schwache Menstruationsblutung hatte. Auch im Urin fand sich kein Blut. Blieb nur noch der Magen-Darm-Trakt als Blutungsquelle übrig. Also hieß es: Spiegelung.

»Ja, Herr Doktor, Stress habe ich wirklich. Leonie ist zwar süß, aber sehr anstrengend. Manchmal kann ich gar nicht glauben, dass ich mir das so stark gewünscht hatte«, sagte sie verschmitzt lächelnd. »Aber, seien wir doch ehrlich, Kinder sind das Beste, oder?«

Da meine Tochter selber gerade neun Monate alt war, konnte ich die Gefühle von Franziska Fink sehr gut nachempfinden. »Kinder sind das Allerbeste«, nickte ich, während ich bereits den Befund der Magenspiegelung überflog.

Meine Tochter Lilli war auch das Erste, woran ich dachte, als ich die Diagnose im Befund von Franziska Fink las. Meine Gedanken überschlugen sich. Lilli, Leonie, Franziska, der unerfüllte Kinderwunsch, das unermessliche Glück, dass es letztendlich doch geklappt hatte, Müdigkeit, Blutarmut, Siegelringkarzinom.

Ich las den Befund ein zweites Mal, bemüht, mir meine Fassungslosigkeit nicht anmerken zu lassen. Schweiß bildete sich auf meiner Stirn. Das kann doch nicht sein! Nicht Franziska! Siegelringkarzinom des Magens! Bösartig, häufig inoperabel und tödlich.

Ich schaute zu Frau Fink auf. Mein Blick musste ihr die Diagnose schon vor meinen Worten verraten haben. Ihr Lächeln erstarrte.

»Nicht gut, oder?«

»Gar nicht gut«, sagte ich leise. »Franziska, Sie haben einen bösartigen Tumor im Magen.«

> Das Tückische an Magenkrebs ist, dass er den meisten Patienten zu Beginn keinerlei Beschwerden bereitet. Gerade Tumoren, die noch so klein sind, dass man sie vollständig entfernen und damit den Patienten heilen könnte, machen in der Regel keinerlei Beschwerden. Erst wenn der Tumor größer wird, klagen die Patienten über Völlegefühl, Schmerzen und Appetitlosigkeit sowie Übelkeit. Eine komplette Heilung ist dann aber häufig nicht mehr möglich.

Plötzlich wurde mir bewusst, dass ich noch immer diese verdammte Weihnachtsmannmütze auf dem Kopf hatte. Ich hätte mich ohrfeigen können. Während Frau Fink mit den Tränen kämpfte, drehten sich meine Gedanken um diese alberne Mütze. Würde sie für den Rest ihres Lebens diese Situation immer wieder im Traum erleben müssen? Wie der Weihnachtsmann ihr die todbringende Nachricht eröffnet hatte? »Wie war das, als du erfahren hast, dass du Krebs hast?« – »Gar nicht schlimm. Der Doktor hatte eine lustige Mütze auf.« Ich überlegte, mir die Mütze vom Kopf zu reißen, wurde aber von ihr unterbrochen.

»Wie lange habe ich noch?«

»Ich weiß es nicht.«

Meine Worte waren ehrlich. Vielleicht zu ehrlich. Franziska schluckte schwer. Sie sah mich an, aber dennoch durch mich hindurch. Unser Schweigen erschien mir endlos, ohne dass ich es durchbrechen konnte. Alles, was ich hätte sagen können, wäre falsch gewesen. Operation, Chemo, Strahlentherapie. Diese Themen sind nicht das Erste, wonach die Menschen fragen, denen ich die Diagnose »Krebs« mitteilen muss. Nein. Die Frage ist: »Wie lange habe ich noch zu leben?« Was kann man einer jungen Frau, die gerade erfahren hat, dass sie an Krebs sterben würde, Tröstendes mit auf den Weg geben? In meinem Kopf entstanden winzige Wortfetzen, die aneinandergereiht keinen Sinn ergaben. *Fünf-Jahres-Überlebenszeit, Operation, Stadieneinteilung.* Meine Kehle wurde trocken, und mein Herz schlug schneller. Lange würde ich die Stille nicht mehr ertragen. Glücklicherweise beendete sie das Schweigen.

»Ich bin noch nicht bereit dafür. Es fing doch alles gerade erst an.« Erstaunlicherweise weinte sie nicht.

»Frau Fink, wir müssen nun erst einmal spezielle Diagnostik ...«, doch weiter kam ich nicht.

»Meine Tochter ist noch so klein. Ich wollte sie doch aufwachsen sehen. Herr Doktor, haben Sie einmal gesehen, wie Leonie lacht? Diese Augen?«

Ich konnte nicht antworten und dachte an die Augen von Lilli. In den Augen meiner eigenen Tochter lag für mich die ganze Welt. Wenn ich in Lillis Augen schaute, verstand ich das Leben. Dann wurde mir klar, warum das alles hier Sinn hatte. Der Schneesturm, der Wind, die Sorgen und Ängste – und die Liebe zum Leben. Ich sah Franziska Fink schweigend an und hatte plötzlich das Gefühl, als würde mir der Hals zugedrückt. Ich konnte nicht mehr schlucken und nur noch schwer atmen. Warum tut mir das körperlich weh? Es ist doch nicht das erste Mal, dass ich einer Patientin mitteilen muss, dass sie sterben wird. Im Studium, in der Klinik, in der Praxis, im Sprechzimmer, zu Hause. Häufig war ich derjenige, der die schlimmste Nachrichten überbringen musste. Aber jetzt war es irgendwie anders. Das hier war persönlich.

Frau Fink atmete tief durch und schaute mir direkt in die Augen: »Schaffe ich es noch bis zu Leonies Einschulung?«

»Ich weiß es nicht.«

Ich nahm mir die Weihnachtsmannmütze vom Kopf und legte sie still auf den Tisch.

Manchmal weinen auch Ärzte. Mit ihren Patienten zusammen, oder einsam zu Hause. Manchmal weinen sie auch noch Jahre später, wenn sie an die Spuren denken, die die Menschen in ihnen hinterlassen haben. An diesem Tag weinte ich alleine, als ich abends am Bett meiner kleinen Tochter stand.

5

Absolution

An Heiligabend hatte ich Notdienst.

»Mach doch dieses Jahr den Notdienst, dann hast du nächstes Jahr frei. Und Lilli ist noch so klein, die vermisst dich nicht«, sagte Joanna, um mich zu beruhigen. Ich weiß, das war nett gemeint, aber hinterließ doch ein ungutes Gefühl in mir.

Und während die Lichter der Stadt angingen und die Menschen mit ihren Familien um den Baum zusammentrafen, saß ich auf dem Beifahrersitz des alten VW-Golfs des Kassenärztlichen Notfalldienstes. Die Hausärzte in Berlin teilen sich den Notdienst außerhalb der Sprechzeiten untereinander auf. Eine sehr komfortable Situation, denn man bekommt ein Auto und einen Fahrer für den Dienst gestellt. Und der übergewichtige Berti neben mir war so ein Fahrer. Ich konnte ihn insgeheim nicht leiden, versuchte aber, es ihn nicht spüren zu lassen, weil er sonst aus Rache langsamer gefahren wäre. Und dann hätten wir nicht so viele Patienten behandeln können. Berti konnte das egal sein, er bekam ein festes Gehalt. Ich aber wurde pro Patient bezahlt, und wenn ich mir schon Weihnachten mit dem Notdienst verderben musste, dann sollte es wenigstens anständig vergütet werden.

»Scheiß Schnee«, fluchte Berti, als das Auto beim Anfahren leicht ins Schlingern geriet. »Warum bist du eigentlich nicht zu Hause bei deiner Familie, Doc?«

»Meine Frau sagte, wenn ich dieses Jahr Weihnachten Notdienst mache, dann muss ich nächstes Jahr nicht. Und meine Tochter ist noch so klein, die weiß noch gar nicht, was Weihnachten eigentlich ist.«

»Wie alt ist die denn?«

»Neun Monate.«

»Dann weiß sie es nächstes Jahr auch noch nicht.«

Das war das Problem mit Berti. Er wusste immer alles besser. Insgeheim fragte er sich sicher, warum er eigentlich einen Arzt im ärztlichen Notfalldienst dabeihaben musste. Er hätte die Patienten doch auch genauso gut selber behandeln können. Er war auch der einzige Fahrer, der mit zum Patienten in die Wohnung kam. Normalerweise blieben die Fahrer im Auto sitzen, während der Arzt den Hausbesuch durchführte. Aber Berti wollte dabei sein – und seine Kommentare abgeben.

»Ist mir egal, ich feiere nächstes Jahr trotzdem mit meiner Tochter Weihnachten!« Ich hatte echt keine Lust auf diese Diskussion.

Aber Berti kam jetzt so richtig in Fahrt. »Ich mache mir nichts aus dem ganzen Weihnachtszauber. Ich greife da lieber die Feiertagszulage ab. Im Januar fliege ich sowieso nach Thailand, da kennen sie eh kein Weihnachten.«

Was Berti alleine in Thailand machte, konnte ich mir lebhaft vorstellen, wollte ich aber nicht.

»Weihnachten ist was für Familien«, sinnierte er weiter. »Du Idiot!«

Damit meinte er nicht mich, sondern den Autofahrer vor uns. Aber er hätte auch recht gehabt, wenn er mich gemeint hätte. Warum saß ich hier und nicht bei Joanna und Lilli? Auch wenn meine Tochter das Konzept von geschmückten Bäumen mit einer Krippe davor nicht verstehen würde, wäre ich doch gerne bei ihr. Vor allem nach dem Gespräch mit Franziska gestern.

»So!« Berti fuhr in die Auffahrt eines heruntergekommenen Mehrfamilienhauses. »Herzrhythmusstörungen, Walter Ebert, dritter Stock.«

Der Kassenärztliche Notfalldienst ist nicht der Rettungsdienst. Wenn es wirklich um Leben und Tod geht, dann kommt die Feuerwehr mit dem Rettungswagen. Wahrscheinlich mit einem heldenhaften Arzt wie Martin Bach an Bord. Wir stellten eher einen Hausbesuchsdienst außerhalb der Sprechzeiten dar. Durchfall, Kopfschmerz und der ein oder andere Alkoholiker mit Schwindel – die Brotkrumen der Medizin sind unser Klientel.

»Herzrhythmusstörungen?«, fragte ich verwundert. »Warum kommt nicht der Rettungswagen?«

»Die haben am Heiligabend genug zu tun. Die Leitstelle sagte, so schlimm sei es nicht. Das schaffen wir, Doc!«

Berti nahm den Notfallkoffer aus dem Kofferraum und stapfte los in Richtung Hauseingang. Ich folgte ihm durch den Schnee. Die Wohnsiedlung war trostlos. Grau ragten die mehrgeschossigen Wohnblöcke aus dem matschigen Schnee hervor. Aber auch hier versuchten die Menschen etwas vom Zauber der Weihnachtszeit in ihr Leben zu bringen: Viele Fenster waren mit blinkenden Lichterketten geschmückt, Sterne hingen hinter den Scheiben, und ein Plastikweihnachtsmann hangelte sich an der tristen Fassade hoch.

Schweigend standen wir im Fahrstuhl nebeneinander. Es roch nach Bohnerwachs und Katzenpisse. Graffiti an der Fahrstuhlwand zeugten davon, dass nicht jeder Bewohner mit seiner Situation uneingeschränkt zufrieden war. »Ihr Huhren seit Schlampen« und »Kanake go home« waren noch die nettesten Sprüche, die man im schwachen Licht der Kabinenbeleuchtung entziffern konnte.

»Wie bei meiner Mutter«, Berti seufzte.

»Was?«

»Das Haus hier. Ist wie bei meiner Mutter. Als wir einzogen, war das Haus noch okay. Aber nach und nach sind die Assis gekommen. Und die alten Leute wollten trotzdem nicht mehr weg. Ist doch Dreck!«

Walter Ebert hatte bereits die Wohnungstür geöffnet und erwartete uns auf dem Hausflur. Barfuß und in Unterhose.

»Der Doktor ist da. Was fehlt uns denn?«, begann Berti das Gespräch.

»Lassen Sie uns erst mal in die Wohnung reingehen«, versuchte ich auf mich aufmerksam zu machen. Aber Berti hatte Herrn Ebert schon am Handgelenk genommen, und während er ihn in die Wohnung zog, fühlte er bereits seinen Puls.

»Ist Vorhofflimmern, Doc«, rief er. »Absolute Arrhythmie.«

»Das stimmt!« Herr Ebert nickte beeindruckt. »Ich bin neulich in der Klinik vertikutiert worden. Und stehe kurz vor der Absolution.«

»Hä?«, fragte Berti.

»Wie bitte?«, fragte ich.

»Der Doktor hat recht. Ich habe Vorflimmern. War neulich in der Klinik. Die haben mich da vertikutiert. Das hat aber nichts geholfen, deshalb bekomme ich nächste Woche eine Absolution.«

»Sie sind im Krankenhaus elektrisch konvertiert worden, und es ist eine Ablation geplant?«, fragte ich zögerlich.

»Genau! So heißt es!« Herr Ebert wandte sich wieder Berti zu. »Ihr Assistent hat echt Ahnung, Herr Doktor.«

Vorhofflimmern ist eine der häufigsten Herzrhythmusstörungen. In Deutschland leiden etwa 300 000 Menschen darunter. Das Herz schlägt bei Vorhofflimmern außer Takt, aber die Rhythmusstörung selbst ist nicht lebensbedrohlich. Allerdings kann Vorhofflimmern zu anderen Folgeerkrankungen wie einem Schlaganfall führen. Aufgrund der Herzrhythmusstörung können kleine Gerinnsel im Inneren des Herzens entstehen, die dann über die Blutbahn in das Gehirn gelangen und hier eine Durchblutungsstörung veranlassen. Deswegen sollte ein Vorhofflimmern immer behandelt werden. Am besten wäre es, das Flimmern in den normalen Herzrhythmus zurückzuführen. Die sogenannte Kardioversion kann entweder durch einen elektrischen Stromschlag oder durch Medikamente erfolgen. Je länger ein Vorhofflimmern besteht, desto geringer sind die Erfolgsaussichten, einen regulären Herzrhythmus wiederherzustellen. Sollte das Vorhofflimmern bleiben, muss meistens eine lebenslange medikamentöse Blutverdünnung durchgeführt werden, um das Risiko für Schlaganfälle zu verringern.

Berti genoss es sichtlich, für den Arzt gehalten zu

werden, und versäumte es, das Missverständnis aufzuklären. »Und jetzt schlägt das Herz mächtig schnell, oder? Dann geben wir vielleicht mal einen Betablocker.«

Wenn Berti mit mir unterwegs war, durfte er kleine medizinische Tätigkeiten durchführen. Blutdruck messen, Verbände anlegen und manchmal auch dem Patienten eine Spritze verabreichen. Ich stand immer wachsam neben ihm und passte auf, dass er alles richtig machte. Erstaunlicherweise war der eigentlich recht grobe Berti sehr feinfühlig bei medizinischen Behandlungen. Als ich die Spritze mit dem Betablocker aufzog und sie dem strahlenden Berti reichte, der bereits das Stauband für die Injektion an Walter Eberts Arm befestigt hatte, schweiften meine Gedanken ab. Ich dachte an meine Tochter, meine Frau und den Tannenbaum bei uns zu Hause im Wohnzimmer. Es roch nach Tannennadeln und frischen Lebkuchen. Joanna hielt Lilli sanft im Arm und lächelte mich an. Ich fühlte eine Wärme in mir aufsteigen, ein Gefühl des Friedens und der Zusammengehörigkeit. Ich blickte in das Gesicht meiner Frau und war rundum zufrieden.

Dann musste ich plötzlich an Franziska Fink und ihre Tochter Leonie denken. In meiner Brust zog sich ein Knoten zusammen, und die Zufriedenheit wich Wut. Warum muss ausgerechnet diese junge Frau sterben? Sie hat ihr Leben doch noch vor sich! Ich spürte, wie sich meine Hände zu Fäusten ballten und mein Atem schneller wurde. Warum muss dem kleinen Kind die Mutter genommen werden? Warum muss diese Familie zerstört werden? Ich presste meine Lippen aufeinander und holte tief Luft. Plötzlich hatte ich das Gefühl, nicht mehr tatenlos herumstehen zu können.

Ich riss Berti die Spritze aus der Hand. »Ich bin hier der Arzt!«, fuhr ich ihn an.

Berti trat überrascht einen Schritt zurück. »Hä?«

»Ich bin der Arzt, Berti! Du darfst keine Injektionen geben! Du hast keine Ahnung von Vorhofflimmern, weißt nichts über Ablationen und verstehst nicht mal, wie ein Betablocker wirkt! Du bist Fahrer! Einfacher Fahrer!« Ich war den Tränen nahe, so wütend war ich.

Herr Ebert sah mich verwundert an. »Ich dachte ...«

»Ich bin der Arzt«, wandte ich mich dem Patienten zu. »Und ich entscheide, dass ich Sie jetzt ins Krankenhaus einweise. Das hat ja alles keinen Sinn, jetzt an Weihnachten! Da gebe ich Ihnen einen Betablocker, und wenn die Wirkung aufhört, schlägt Ihr Herz wieder schnell. Dann muss ich wiederkommen und Ihnen noch mehr Spritzen geben. Da habe ich keine Lust drauf! Berti, hol den Rettungswagen!«

Aber Berti stand nicht mehr neben mir.

»Berti!«, rief ich. »Berti! Berti?«

Berti war weg. Ein verunsicherter Herr Ebert schaute mich an. »Wo ist denn der Herr Doktor hin?«

»Ich bin der Doktor! Verdammt!«, schrie ich ihn an. »Und ich gehe jetzt. Ich rufe einen Rettungswagen, und dann kommen Sie in ein Krankenhaus! Vielleicht können die Ihnen ja da gleich heute die Absolution erteilen!«

Im Fahrstuhl auf dem Weg nach unten fiel die Wut langsam von mir ab. Was war das denn eben gewesen? Ich lehnte mich gegen die kalte Aufzugwand und schloss die Augen. Mein Herz raste, auch ohne Vorhofflimmern. Als sich die Aufzugtür wieder öffnete, stieg ich nicht aus. Ich blieb an die Wand gelehnt mit geschlossenen Augen stehen – und wartete. Ich wartete, dass sich mein Herz beruhigte. Ich wartete, dass mein Atem wieder langsamer wurde. Ich wartete, dass meine Welt wieder so war wie früher. Warm, sicher, verlässlich. Alte Menschen sterben. Junge Menschen leben. Mütter begleiten ihre Kinder zur Einschulung. Ärzte geben Spritzen. Fahrer fahren Autos. Aber ich wusste, dass die Welt so nicht war. Auch junge Menschen konnten sterben, und wir konnten nichts dagegen tun.

Berti stand ans Auto gelehnt mit einer Zigarette in der Hand. Seine Haare waren vom Schnee nass, aber es schien ihm nichts auszumachen.

»Es tut mir leid«, sagte ich.

»Schon gut, Doc«, er nahm einen Zug von seiner Zigarette. »In so einem Haus bin ich auch aufgewachsen, weißt du? Zwei Zimmer – für meine Eltern, mich und meinen Bruder. Aber irgendwann hat uns mein Vater verlassen. Danach hatten wir so richtig viel Platz.«

Ich lehnte mich neben ihn ans Auto und schaute auf die graue Häuserfront. Wie mag es wohl sein, in so einer Gegend großzuwerden?

»Ich wollte für meine Kinder immer was Besseres. Lustig! Jetzt bin ich Anfang fünfzig und habe noch nicht mal Kinder«, Berti lachte kurz auf. »Ich bin der Einzige in meiner Familie, aus dem was geworden ist. Ich habe einen festen Job, eine Wohnung mit zwei Zimmern nur für mich, kann regelmäßig Urlaub machen, und irgendwann habe ich vielleicht auch mal eine Frau.«

»Berti …«, doch Berti hörte mich nicht.

»Nur manchmal geht es mit mir durch, Doc. Da träume ich von Dingen, von denen ich eigentlich nicht träumen sollte.« Er nahm wieder einen tiefen Zug von seiner Zigarette und atmete langsam den Rauch in die Winterluft. Im Schein der Straßenlaternen sah sein Gesicht alt aus. Älter, als es sich für Anfang fünfzig gehörte.

Ich atmete tief durch. »Ich musste gestern einer jungen Frau sagen, dass sie bald sterben wird.«

»Ist bestimmt schwer, Doc.«

»Ja.«

»Also, ich könnte das nicht.«

»Ich auch nicht. Muss es aber trotzdem tun. Einer muss es ja tun.«

»Stimmt.«

»Ich hole jetzt mal den Rettungswagen für Herrn Ebert.«

»Lass mal, Doc, ich mach das. Setz du dich schon mal in den Wagen, ich kümmere mich um den RTW. Das ist mein Job.«

Scheiße!

Der Allgemeinarzt

Welcher Student will Allgemeinarzt werden? Zu Beginn des Studiums: alle. Am Ende des Studiums: keiner mehr.

»Eigentlich wollte ich Herzchirurg werden.«

»Ich habe drei Jahre lang auf der Hirnchirurgie gearbeitet.«

»Im Herzen bin ich ja Kardiologe.«

Es macht keinen Spaß, allgemeinärztliche Kongresse zu besuchen. Selten trifft man so viele Menschen mit Little-Man-Syndrom, auch wenn sie zwei Meter groß sind.

Kein Wunder, denn das Hausarzt-Dasein ist alles andere als glorreich. Eine Vielzahl von Patienten und Kollegen glauben, man könnte sowieso nur einen Schnupfen behandeln, für alles andere sind die richtigen Fachärzte da. Und den Schnupfen, den muss man eigentlich auch nicht behandeln, das macht der Körper schon selber. Aber krankschreiben, das wäre toll.

Daher auch der Begriff »Facharzt für Formularwesen«. Sehr witzig, ich lach mich tot. Aber nicht, ohne Formular Nummer 01/515/0112/02 (Obduktionsschein, A4, 2-fach selbstdurchschreibend) ausgefüllt zu haben.

Die Vorstellungen, die junge Studenten von Allgemeinärzten haben, sind wildromantisch. Dankbare Patienten, die Kuchen und selbstgeräucherten Schinken in die Praxis mitbringen. Lange Fahrten zu Hausbesuchen durch kleebedeckte Wiesen und Rapsfelder, vorbei an glücklichen Kühen bei Sonnenschein. Unblutige Hausgeburten in weniger als dreißig Minuten mit glücklichen Vätern, die dem Hausarzt dankbar auf die Schulter klopfen und ihm dann einen Schnaps anbieten.

Im Laufe des Studiums verschwindet dann die Romantik aus der wildromantischen Vorstellung. Lange Sprechzeiten, nächtliche unbezahlte Hausbesuchsfahrten bei Regen und die ein oder andere schmerzhafte, blutige Hausgeburt unter dem Befehlsregiment der diensthabenden Öko-Hebamme.

Und am Ende des Studiums ist dann auch das »wild« aus der wilden Romantik erloschen. Endlose Schlangen von Halsschmerzen und Reizhusten, Kuranträgen und Depressionen. Es ist nichts übrig geblieben vom Traumberuf Hausarzt. Also flüchten Medizinstudenten in andere, angesehenere Fachrichtungen, wie Urologie oder Pathologie. Oder sie gründen gleich eine Eventagentur oder machen irgendetwas mit Medien.

Und als sei es nicht schon schlimm genug, dass Ärzte anderer Fachrichtungen auf die Allgemeinmediziner herabblicken. Es gibt auch noch Konkurrenz innerhalb des Hausärztelagers. Denn nicht nur Allgemeinmediziner sind Hausärzte. Unter diesem Sammelbegriff verbergen sich nämlich auch noch Praktische Ärzte und Internisten.

Während die Praktischen Ärzte direkt nach dem Studium in die Praxis gehen, ohne Facharztweiterbildung, sind die internistischen Hausärzte eigentlich die Krone der Hausarztmedizin – auf jeden Fall nach ihrem eigenem Weltbild. Und so blicken die Internisten auf die Allgemeinärzte herab, die Allgemeinärzte auf die Praktischen Ärzte, und die Praktischen Ärzte – die blicken mit ihren müden Augen eigentlich nirgendwo mehr hin.

Das wichtigste Arbeitsmittel des Hausarztes ist das Stethoskop. Mit diesem medizinischen Gerät kann man überall alles abhören. Aber nicht, bevor man nicht die Stelle mit den Fingern ertastet, geknetet, geklopft oder gekniffen hätte. Ältere Hausärzte beteuern immer wieder, man sollte den Patienten nicht nur ansehen und befühlen, sondern ihn auch riechen. Eine diagnostische Maßnahme, die sich oft unfreiwillig aufdrängt. Und in der Tat lassen sich häufig erstaunlich genaue Diagnosen nur durch Befragung und körperliche Untersuchung stellen. Nur glaubt die einem der Patient meistens nicht. Um ihm die Diagnose vermitteln zu können, benötigt es meistens eine Vielzahl hochtechnischer und teurer Geräte, die am Ende nur das bestätigen, was der erfahrene Hausarzt schon in dem Moment wusste, als der Patient durch die Tür des Sprechzimmers trat. Den Ruhm der Diagnose steckt allerdings der Besitzer und Betreiber des teuren Gerätes ein.

Aber um keine Missverständnisse aufkommen zu lassen: Ich liebe es, Hausarzt zu sein. Ich liebe die »wilde

Romantik«, die ich noch immer in dem Hausarztberuf sehen darf und jeden neuen Tag zu spüren bekomme. Jeder Allgemeinarzt kann sich frei entscheiden, ob er nur Facharzt für Formularwesen sein möchte oder ob er richtige Medizin machen möchte.

Das Schöne und Schreckliche zugleich am Hausarzt-Dasein ist, dass wir Anteil am Leben unserer Patienten nehmen dürfen, ja, sogar müssen. Wir brauchen uns nicht hinter Geräten oder einem Mundschutz zu verstecken. Wir dürfen Mensch bleiben. Ich liebe die intellektuelle Herausforderung, die die Barfußmedizin mit wenigen Geräten mit sich bringt. Ich liebe die Logik des menschlichen Körpers, der sich mit so einfachen Mitteln ergründen lässt. Ich liebe es, kleine Denkanstöße und Veränderungen im Leben meiner Patienten hervorzurufen, die große Auswirkungen auf ihr Leben und ihre Gesundheit haben. Und ich liebe es, Patienten ein Leben lang partnerschaftlich zu begleiten und Teil ihrer Familie zu werden. Danke dafür!

6

Gesundheitspark Dr. Bach

»Ich verstehe das gar nicht. Ich habe doch überhaupt keine Schmerzen. Warum soll ich denn zu einem Orthopäden?«

»Ehrlich gesagt, Herr Rothschild, ich verstehe das auch nicht.« Verwundert schaute ich auf den Bericht des Medizinischen Dienstes der Rentenversicherung, der vor mir auf meinem Tisch im Sprechzimmer lag. Da stand ganz eindeutig, dass mein Patient eingeladen wird, sich einem orthopädischen Gutachter vorzustellen.

»Wissen Sie, Herr Doktor, ich habe ja kein Problem damit, zu einem anderen Arzt zu gehen. Ich will ja schließlich in Rente gehen. Und da müssen sich die Ärzte ein umfassendes Bild von mir machen und so weiter. Das weiß ich ja. Aber warum zu einem Knochenbrecher?«

Ich griff zum Telefon. »Michaela, bring mir doch bitte mal den Rentenantrag von Herrn Peter Rothschild.«

»Wenn die mich zum Klapsen-Doktor schicken würden. Das tät' ich ja noch einsehen«, Herrn Rothschilds Stimme wurde lauter. »Oder zu einem Bauch-Spezialisten. Von wegen dem Messer und so. Aber das?!?«

»Nun warten wir erst mal auf Michaela. Die bringt uns Ihren Rentenantrag. Dann schauen wir uns das alles noch mal an. Und im Notfall telefoniere ich dann mit der Rentenversicherung.«

Ich kannte Herrn Rothschild nun seit mehr als zwei Jahren. Als er das erste Mal in meine Praxis kam, hatte er blass ausgesehen. Seine Frau hatte ihn begleitet, war aber am Anfang nur schweigend neben ihm gesessen.

»... auf jeden Fall standen wir beide so in der Küche und machten Bratkartoffeln«, berichtete Herr Rothschild. »Tina hatte den Schäler und ich das Messer. Wir haben uns nicht gestritten, nur gegenseitig aufgezogen. So: ›Du liebst mich nicht mehr‹, ›doch, sehr, mein Schatz‹, verstehn Sie?« Herr Rothschild fuchtelte mit den Händen in der Luft. »Und da ist es halt passiert.«

»Nun erzähl das mal richtig, Peter«, mischte sich Tina Rothschild ein.

»Was denn? So war es doch!«

»Ja, aber halt nicht alles.«

»Also, wir standen in der Küche und machten Scherze. Tina schälte die Kartoffeln, und ich schnitt sie in Form.«

»So war es.«

»Und dann ist es passiert.«

Ich wurde langsam ungeduldig. »Was ist denn passiert?«

In einer vollen Kassensprechstunde hat der Hausarzt ungefähr fünf Minuten pro Patient zur Verfügung.

Das dauerte mir hier entschieden zu lang, insbesondere, weil wir ja noch immer nicht zu den Beschwerden gekommen waren.

»Ich sagte zu Tina: ›Wenn du mich nicht mehr liebst, dann kann ich mir ja gleich das Messer in den Bauch rammen.‹«

»Aber ich liebe ihn doch«, fügte Tina entschuldigend hinzu.

»Ja, aber als du das gesagt hast, war es schon zu spät.«

»Moment mal«, versuchte ich Ordnung in das Chaos zu bringen. »Sie haben gemeinsam Kartoffeln gekocht, und da Tina Sie angeblich nicht mehr liebte, haben Sie sich das Messer in den Bauch gestochen?«

»Nein!«, sagte Peter Rothschild.

»Nein!«, sagte Tina Rothschild.

»Natürlich liebt meine Frau mich. Ich wollte ihr doch nur zeigen, was ich tun würde, wenn sie mich nicht mehr liebt.« Herr Rothschild gestikulierte wild mit den Händen. »Aber als ich runterguckte, steckte das Messer in meinem Bauch.«

Ich runzelte die Stirn.

»Ich war das wirklich nicht«, sagte Frau Rothschild, die bemerkte, dass ich an der Geschichte zweifelte. »Warum sollte ich meinen Mann erstechen?«

»Sie war es nicht, Doktor. Ich habe mich selber erstochen. Aus Versehen. War ein Unfall.«

»Wie ging die Geschichte denn weiter?«

»Na, ich bin umgefallen, und danach weiß ich nichts mehr.«

»Ich weiß es aber noch ganz genau«, Frau Rothschild legte eine Hand auf das Bein ihres Mannes. »Ich habe das Messer erst mal in dir drin stecken gelassen. Soll man wohl so machen. Hatte ich irgendwo mal im Fernsehen gesehen. Ich hab den Rettungsdienst gerufen, und die haben dich dann abgeholt. Die Polizei kam auch und hat mich mitgenommen. Die dachten, ich sei das gewesen.«

Herr Rothschild schüttelte den Kopf. »Zwei Stunden haben die mich operiert. So mit Kameras im Bauch und ganz kleinen Schnitten. Kein einziges Organ war verletzt. Können Sie sich das vorstellen, Doktor? Ich habe überall vorbeigestochen.«

»Glück gehabt«, sagte ich.

»Na, Können war es jedenfalls nicht«, lächelte Tina.

»Aber jetzt kommt das Blödeste an der Geschichte«, fuhr Peter fort. »Der bekloppte Chirurg. Beim Rausziehen der Kameras hat er dann irgendwie meinen Darm verletzt. Was ich mit dem Messer nicht schaffe, macht der Idiot ...«

»Lass mal, Schatz. Der hat dir schließlich das Leben gerettet.«

»Ja, aber stell dir mal vor, ich wär bei draufgegangen. Dann wärste jetzt im Knast. Die hätten doch nie geglaubt, dass ich mich selber abgestochen hab.«

»Bist aber nicht gestorben.«

Und noch heute, zwei Jahre später, zeugte eine große Narbe auf dem Bauch von Peter Rothschild von dem »Unfall« in der Küche. Nachdem der Chirurg den Darm verletzt hatte, musste ein Teil des Dünndarms entfernt werden. Seitdem litt Herr Rothschild unter Durchfällen, war müde und hatte außerdem massiv an Gewicht verloren. Diese Beschwerden sind typisch nach der Entfernung von Teilen des Dünndarmes. Der Mediziner nennt das »Kurzdarmsyndrom«, weil der kürzere Darm seine Arbeit nicht mehr richtig verrichten kann.

»Hier ist der Rentenantrag«, Michaela reichte mir eine Kopie des Antrages und des medizinischen Befundes, den ich als Hausarzt ausgefüllt hatte.

Ich überflog ihn rasch. »Nein, das hat alles seine Ordnung hier. Zustand nach Stichverletzung, Kurzdarmsyndrom, Depression. Alles richtig ausgefüllt.«

»Dann verstehe ich das nicht. Was soll ein Orthopäde bei mir feststellen?«

»Michaela, stell mich doch bitte mal mit dem Sachbearbeiter der Rentenversicherung durch.« Ich gab meiner Helferin den Antrag und die Einladung zum Gutachter. Michaela überflog kurz das Schreiben.

»Was ist denn ein Kurzarmsyndrom?«, fragte sie mich.

»Das ist, wenn der Dünndarm, … Warte mal. Kurz*darm*syndrom heißt das.«

»Hier steht aber Kurzarmsyndrom. Schau!« Sie reichte mir das Schreiben der Versicherung.

In der Tat stand da als Diagnose »Kurzarmsyndrom«. Da hat der Sachbearbeiter anscheinend das »d« vergessen. Eine Diagnose Kurzarmsyndrom gibt es nicht. Aber wenn es sie gäbe, wäre sicherlich der Orthopäde der richtige Ansprechpartner.

»So was Blödes.«

»Und nun?« Herr Rothschild wirkte ungeduldig. »Heißt das jetzt, ich muss nicht zum Orthopäden?«

»Jawoll, das heißt das. Schreiben Sie einfach, dass Sie zwei gleich lange Arme haben, aber einen Darm, der nicht mehr richtig arbeitet. Dann wird die Versicherung Sie bestimmt zu einem Chirurgen schicken.«

»Der Termin beim Orthopäden wäre aber heute.«

»Ganz schön knapp. Da können Sie in der Tat nicht mehr schriftlich absagen«, überlegte ich.

»Der Orthopäde ist gleich hier um die Ecke. Ich gehe da jetzt einfach hin und erzähle ihm das.«

Ich schaute auf das Einladungsschreiben. In der Tat, die Adresse des Orthopäden war in der Feldmannstrasse, im MVZ Medizinpark Doktor Bach, Abteilung für Orthopädie.

»Wissen Sie was?«, fragte ich Peter Rothschild, »Ich begleite Sie.«

»Echt?«

»Jawoll. Das Zentrum wollte ich mir immer schon mal ansehen.«

Wenig später standen Peter Rothschild und ich vor dem neuen »Medizinpark Doktor Bach«. Seit Neujahr hatte es zu schneien aufgehört, aber auf den Straßen lag auch jetzt im Januar noch Schnee. Oder vielmehr Matsch. Wie in jeder Großstadt wurde der Schnee durch tausend Passanten in eine unansehnliche Pampe aus Eiskristallen, Dreck und Streumaterial verwandelt. Und aus diesem Matsch ragte die glänzende Fassade des Gesundheitszentrums empor. Größer hätte der Kontrast nicht sein können: Marmor, Glas und Edelstahl in Schlamm und Granulat. Über der gläsernen Drehtür leuchtete ein Äskulapstab nebst zugehöriger Schlange, und das Wort »Gesundheitszentrum« erstrahlte in großen Lettern. Am Eingang herrschte reges Treiben. Menschen kamen und gingen, ein Ambulanzfahrzeug fuhr seitlich am Gebäude eine Rampe herunter. »Liegendanfahrt« stand auf einem Schild, das mich an meine Zeit in der Universitätsklinik erinnerte. Wofür braucht ein Gesundheitszentrum eine Liegendanfahrt?

»Wahnsinn!« Herr Rothschild stand mit offenem

Mund neben mir und schaute auf die Fassade des Gesundheitstempels. »So eine Praxis habe ich ja noch nie gesehen.«

Mir fehlten die Worte. Dieses Wiesel Martin Bach. Was hatte er sich da hingestellt?

Die Halle, in die Peter Rothschild und ich eintraten, erinnerte mich an das Hotel, in dem ich mit meiner Frau auf unserer Hochzeitsreise übernachtet habe. Eine Nacht, mehr konnten wir uns nicht leisten. Im Marmorboden des Gesundheitszentrums spiegelten sich die Lichter der Decke und die Sonnenstrahlen, die durch die Glasfassade hinter mir strahlten, tauchten den Raum in ein warmes Licht. Die Halle war mindestens zehn Meter hoch, und dem Eingang gegenüber stand ein halbmondförmiger Empfangstresen aus dunklem Holz. Die Wand hinter dem Tresen bestand aus einem Indoor-Wasserfall. Leise strömte türkis beleuchtetes Wasser von der Decke vertikal die Wand hinab und verschwand im Boden hinter dem Empfang.

»Herzlich willkommen im Medizinpark Doktor Bach. Was können wir für Sie tun?«, begrüßte uns eine blonde Schönheit mit weiß gebleachten Zähnen.

»Sehr viel können Sie für uns tun«, drängelte sich Herr Rothschild nach vorne. »Zu dem hier muss ich.« Er legte das Einladungsschreiben der Versicherung auf den Tresen. »Also eigentlich muss ich da nicht hin«, fügte er recht umständlich hinzu.

»Ah ja, zu Frau Doktor Ostermann, Abteilung für Orthopädie.«

»Frau? Der Orthopäde ist 'ne Tussi?«

»Frau Doktor Ostermann ist eine hervorragende Fachärztin für Orthopädie.« Die Empfangsdame blieb professionell.

»Das wird ja immer schlimmer, Doktor«, wandte sich Herr Rothschild wieder mir zu. »Jetzt ist das auch noch ne Frau.«

»Sie müssen da doch gar nicht hin. Wir sind doch da, um das zu klären«, beruhigte ich ihn.

»Ich habe ja nichts gegen Frauen. Hab ja selber eine. Aber doch nicht als Orthopädin.«

»Wir haben sogar eine weiblichen Urologin hier im Haus«, mischte sich die Empfangsdame wieder ein. »Vielleicht wollen Sie da mal hingehen.«

»Nu' werd' mal hier nich' komisch, wa!« Herr Rothschild wurde lauter, und einige Besucher warfen uns bereits Blicke zu.

»Ich meinte doch nur …«

»Lassen Sie mal«, unterbrach ich sie. Ich wollte nicht, dass der Streit eskalierte. »Vielleicht können wir das ja hier gleich am Empfang klären. Mein Patient hat fälschlicherweise eine Einladung in Ihr Gesundheitszentrum bekommen.«

»Was ist das für ein Zentrum, wo Frauen mir an die Eier wollen?«, rief Herr Rothschild nun.

»Was ist denn hier los?« Die Stimme kannte ich. Oh nein. Das Wiesel Martin Bach kam aus einem Raum hinter dem Tresen. »Ich glaub's ja nicht, mein alter Studienfreund, der Hausarzt. Was verschafft mir die Ehre? Und wer will dir an die Eier?«

Dieses Grinsen!

»Keiner, Martin, grüß dich. Mein Patient war nur entsetzt, dass ihr hier eine Urologin habt.«

Martin lachte. »Natürlich haben wir das. Ist die Beste für deine Eier«, zwinkerte er mir zu. Ich hasse ihn. »Komm, ich zeig dir mein Zentrum. Mit dem Anliegen deines Patienten wird Sandy schon fertig, nicht wahr?«

Die Empfangsdame Sandy lächelte verbissen und wandte sich Herrn Rothschild zu, während Martin mich zum Aufzug zog.

»Fünf Etagen Hightech-Medizin, mein Lieber«, schwärmte Martin Bach, als wir durch die Gänge des oberen Geschosses gingen. »Alle Fachrichtungen, die du dir nur vorstellen kannst. Von Augenheilkunde bis Psychiatrie. Alles unter einem Dach. Und hier ganz oben, die Krone der Medizin: die Chirurgie!« Seine Augen strahlten bei den Worten. Dann lächelte er mit aufeinandergepressten Lippen. »Und ganz unten, mein Lieber, da kommt die Allgemeinmedizin hin. Im Erdgeschoss.«

Ich wusste nicht, was ich sagen sollte. Es war auch gar nicht nötig, denn Martin fuhr bereits mit seinem Monolog fort. »Weißt du, das war schon immer mein Traum. Ein eigenes Gesundheitszentrum. Wir sind so groß, da hat keiner eine Chance, neben uns zu bestehen. Patienten von heute wollen alles unter einem Dach haben. Sie gehen nur noch zum Hausarzt, um sich Überweisungen zu den richtigen Ärzten zu holen. Keine langen Wege, verstehst du? Einfach, bequem und serviceorientiert.« Martin blieb abrupt stehen und schaute mir tief in die Augen. »Weißt du was? Du solltest für mich arbeiten! Hier im Zentrum!«

Ich hörte wohl nicht recht. Hatte mein alter Kommilitone mir gerade einen Job angeboten? Martin Bach, der uns im Studium immer wieder ausgenutzt hatte? Martin Bach, der für Hausärzte rein gar nichts übrig hatte? Für den ein Allgemeinmediziner kein richtiger Arzt war?

»Ich glaube nicht, dass mir das Spaß machen würde«, sagte ich zaghaft.

Martins Lächeln erstarrte. »Wie bitte?«, fragte er scharf.

»Ich bin gerne Hausarzt. Ich liebe meine Praxis.«

»Siehst du nicht, was ich hier aufgebaut habe?« Martin schaute mich verwundert an.

»Doch, aber ...«

»Ihr habt doch alle keine Chancen gegen mich, in euren kleinen, stickigen, altbackenen Praxen. Wer will das denn heute noch?«

»Ich ...«

»Seid ihr denn alle irre? Da mache ich dir ein Angebot, im größten Gesundheitszentrum Berlins zu arbeiten, und du schlägst es aus, ohne darüber nachzudenken?«

»Martin ...«

»Jetzt hör mir mal gut zu«, Martins Stimme klang bedrohlich. Er kniff leicht die Augenlider zusammen und fixierte mich. »Ich mache dir das Angebot noch ein einziges Mal. Lehnst du ab, frage ich dich nie wieder. Aber eins verspreche ich dir: Deine kleine Praxis mache ich fertig! Und dich auch! Ich gebe dir keine sechs Monate, dann bist du pleite. Also: Willst du für mich arbeiten?«

Martin hatte recht. So ein großes Zentrum direkt neben meiner kleinen Praxis bedrohte meine Existenz. Sicher würden viele Patienten in sein Gesundheitszentrum wechseln. Wie viel Verlust konnte meine kleine Praxis verkraften? Fünfzig Patienten? Hundert? Wann müsste ich anfangen, eine Helferin zu entlassen? Wie viel Notdienst müsste ich fahren, um den Verlust aufzufangen? Was würde Joanna sagen? Ich hatte eine

Familie zu ernähren. Ein sicherer Job im Gesundheitszentrum ist ja nicht die schlechteste Alternative. Aber in meiner eigenen Praxis steckte doch so viel Herzblut! Sollte das alles umsonst gewesen sein?

Ich schluckte schwer. Und als ich meinen Mund öffnete, konnte ich selber nicht glauben, was ich sagte.

7

Der Seelensee

Die Sonne spiegelte sich auf dem nahezu schwarzen Wasser und ließ die kleinen Wellen funkeln. Es war später Nachmittag, und trotz der Wintersonne war es noch recht kühl. Mein Atem formte kleine Wölkchen vor meinem Gesicht. Als Kind fand ich das immer lustig. Damals nahm ich dann ein Stöckchen in den Mund und tat so, als würde ich eine Zigarette rauchen. Mit dem echten Rauchen habe ich allerdings nie angefangen. Dazu fehlte mir einfach der Mut.

Die Stille hier am See tat mir gut. Aber es war nur eine äußerliche Stille, und der Frieden des Waldsees trog. In mir brodelte es, und die vielen inneren Stimmen überschlugen sich.

Da war meine eigene, ängstliche Stimme, die ohne Punkt und Komma auf mich einredete: »Das war's. Du bist fertig. Das überlebst du nicht.«

Da war die Stimme von Joanna, die sanft und beruhigend klang: »Wird schon alles nicht so schlimm werden. Nun warte doch erst mal ab. Ich glaub an dich.«

Und da war die Stimme von Martin Bach: »Deine kleine Praxis mache ich fertig.«

Ich war direkt nach dem Gespräch im Gesundheitspark an meine Lieblingsstelle am Waldsee gefahren, hatte mich auf einen Baumstamm am Rande des Wassers gesetzt und versucht, tief durchzuatmen. Doch es gelang mir nicht.

Wäre ich mein eigener Patient gewesen, hätte ich mir eine akute Belastungsreaktion diagnostiziert. Vielleicht würde sich auch noch ein posttraumatisches Belastungssyndrom entwickeln. Dazu müsste das auslösende Ereignis allerdings lebensbedrohlich gewesen sein. Aber genauso fühlte es sich für mich an: lebensbedrohlich. Oder eigentlich existenzbedrohend. Wenn ich in der nächsten Zeit immer wieder an meinen alten Studienfeind Martin Bach denken müsste, wenn er mich im Schlaf verfolgen und ich seine wieselige Visage vor meinen inneren Augen sehen würde, dann, das war mir klar, wäre es eine posttraumatische Belastungsstörung, eine PTBS. »International Statistical Classification of Diseases and Related Health Problems ICD-10 Code: F43.1.« Ich müsste zum Psychiater gehen und würde Medikamente bekommen. Vielleicht würde ich auch einen Psychotherapeuten aufsuchen. Unzählige Male hatte ich Patienten von mir zu einem Therapeuten geschickt. »Ist nicht schlimm. Das ist ein Arzt wie jeder andere auch. Da machen Sie sich mal keine Sorgen«, hatte ich jedes Mal gesagt. Ich wusste, dass das nicht stimmte. Die Überweisung zu einem Psychotherapeuten ist nur der Beginn einer langen, schmerzhaften Reise, die nicht immer gut endet. Und das spürte ich in diesem Moment am See tief in meiner eigenen Seele.

Was hatte ich in meiner Ausbildung gelernt, wie man mit innerem Gedankenkreisen umgehen soll? Eine Möglichkeit ist es, sich auf Äußeres zu konzentrieren, wie die Farben der Umgebung. Die Übung bestand darin, seltene Farben zu suchen, wie etwa die Farbe Lila. Durch die Konzentration auf etwas neutrales Äußeres kann es gelingen, sich aus dem Wasserfall der eigenen Stimmen zu retten. Sich mit der Außenwelt abzulenken, um nicht in der inneren Welt versinken zu müssen.

Lila. Lila! Lila? Was war hier am See lila? Ich schaute mich um. Die Winterlandschaft um micht herum war bedeckt von weißem Schnee. Kein Lila. Die Bäume waren braun. Das Wasser war schwarzgrau. Der Himmel war blau. Mein Atem war weiß. Scheiße.

Ich ärgerte mich so sehr über das Versagen meiner eigenen therapeutischen Bemühungen, dass ich fast vergaß, mir Sorgen um mein Leben zu machen. Aber so leicht lässt sich ein unruhiger Geist nicht beruhigen. »Noch nicht mal dazu bist du in der Lage«, beschimpfte ich mich selber. »Kein Wunder, dass Martin Bach erfolgreicher ist!«

Ich erinnerte mich an eine weitere Technik aus der psychologischen Trickkiste. Die Methode heißt treffenderweise »Halt-Stopp-Technik«. Und damit ist auch schon alles gesagt und die Therapie genügend erklärt. Man macht nichts anderes, als laut »Halt-Stopp!« zu rufen, wenn die Gedanken übermächtig werden.

Ich erinnerte mich an eine Situation in meiner Sprechstunde, wie ich einer zwangsgestörten Patientin laut »Halt-Stopp!« entgegenrief, als sie gerade von einem Zwangsgedanken beherrscht wurde. Plötzlich wurde die Tür des Sprechzimmers aufgestoßen und herein kam ein Patient, der meinen Schrei bis ins Wartezimmer gehört hatte und mir zu Hilfe eilen wollte. Meine Patientin und ich waren gleichermaßen verdutzt. Zwangsgedanken hat sie heute noch – verbunden mit einer neu hinzugekommenen Angst vor geschlossenen Türen.

Aber vielleicht würde diese verhaltenstherapeutische Technik mir ja selbst helfen.

»Halt-Stopp!«, rief ich mir zaghaft zu.

»Ich mach dich fertig!«, antwortete mein innerer Martin Bach.

»Halt-Stopp!«, rief ich lauter.

»Ich gebe dir keine sechs Monate, dann bist du pleite.« Doktor Bach ließ sich nicht aus der Ruhe bringen.

»HALT-STOPP!«, schrie ich aus vollem Hals.

»Entschuldigung. Aber ich mache doch gar nichts«, sagte Franziska Fink, die plötzlich neben mir stand. Ich hatte die junge Krebspatientin gar nicht kommen hören.

»Was machen Sie denn hier?«, fragte ich verwundert.

»Das ist hier mein Seelensee«, sagte Franziska. »Aber was machen Sie denn hier? Und warum schreien Sie mich an?«

»Ich schreie Sie nicht an. Ich schreie mich an.«

»Wie bitte?«

»Was ist denn ein Seelensee?«, fragte ich Franziska verwundert.

»Das ist ein See, an dem ich Kontakt zu meiner Seele finde. Wieso schreien Sie sich selbst an?« Franziska ließ nicht locker. Und vielleicht mochte ich sie deshalb so gerne.

Aber was sollte ich Franziska sagen? Meine Probleme erschienen mir plötzlich so klein und lächerlich, verglichen mit den Sorgen von Franziska. Ich dachte an die Weihnachtsmannmütze, und mir war klar, dass ich durch mein scheinbar grundloses Geschrei hier am See nicht unbedingt mehr Sympathiepunkte bei der jungen Mutter sammelte.

»Ich will mich beruhigen«, stammelte ich.

»Und deshalb schreien Sie sich an? Komische Strategie.«

»Das nennt man Halt-Stopp-Technik«, fügte ich erklärend hinzu.

»Versteht sich von selbst. Ich würde mich aber nicht selber anschreien. Das tut doch nicht gut. Ich will überhaupt nicht, dass mich jemand anschreit. Schon gar nicht ich mich selber.«

Franziska setzte sich zu mir auf den Baumstamm. Meine Patientin war plötzlich nicht mehr meine Patientin, und ich war nicht mehr ihr Arzt. Ich schämte mich.

»Wissen Sie, Doktor, ich bin mein ganzes Leben lang angeschrien und herumgeschubst worden. Ich habe da keine Lust mehr drauf. Ich möchte, dass man liebevoll mit mir umgeht. Und das fängt damit an, dass ich selber liebevoll mit mir umgehe. Vielleicht sollten Sie das auch mal versuchen.«

»Und deshalb gehen Sie hier zu Ihrem Seelensee?«

»Auch.« Franziska schwieg und schaute auf den See. Zum ersten Mal seit dem Treffen im Gesundheitszentrum kehrte auch in meinem Kopf Stille ein. Auch ich blickte auf den See, auf die Baumstämme am Ufer, das Schilf im flachen Wasser und die Enten, die am Wasserrand standen. Und plötzlich sah ich es.

»Lila!«, rief ich erstaunt. »Die Entenfeder ist lila!«

»Wie bitte?«

Und dann erzählte ich Franziska alles. Mein Treffen mit Martin Bach, die Sorge, meine Praxis zu verlieren, die Demütigung, nur ein Hausarzt zu sein.

»Nur ein Hausarzt? Wie meinen Sie das?«, fragte Franziska Fink erstaunt.

»Ich bin nur Hausarzt. Kein Chirurg, kein Kardiologe. Nur ein einfacher Hausarzt.«

»Komisch«, sagte Franziska. »Ich dachte immer, Hausärzte sind die wichtigsten Ärzte für die Patienten. Sie müssen doch von allem etwas wissen und können sich nicht hinter Büchern verstecken.«

Wenn das innere Weltbild erschüttert wird, kann es sein, dass unser Gehirn kurz innehält und leer schlucken muss. Wie ein Computer, der hängen bleibt, so dass man überlegt, ob man schnell *Steuerung-Alt-Entfernen* drückt und sich über Bill Gates und Windows ärgern soll, so stockt auch unser Gehirn. Zumindest der Teil, der denkt. Und Psychologen wären keine Gelehrten, hätten sie nicht ein schlaues Wort für diesen Zustand erfunden, das Medizinstudenten schlaflose Nächte bereitet und Patienten hochachtungsvoll aufschauen lässt: Kognitive Dissonanz. Die Kognitive Dissonanz erlaubt Veränderungen im Denken und Handeln – und diesen Zustand erlebte ich in genau diesem Moment am Seelensee.

Das Erleben einer Kognitiven Dissonanz ist für uns Menschen nicht angenehm. Verschiedene Wahrnehmungen, Meinungen oder Einstellungen, die eigentlich nicht miteinander vereinbar sind, treten gleichzeitig auf. Es entwickelt sich eine Art Störgefühl. Der Mensch versucht, diese widersprüchlichen Empfindungen aufzulösen. Dazu hat er verschiedene Möglichkeiten. Er könnte beispielsweise versuchen, die Widersprüchlichkeit herunterzuspielen, sie zu leugnen oder abzuwerten. Aber auch eine nur einseitige Betrachtung der Wahrnehmungen kann das unangenehme Gefühl verringern. Grundlegende Veränderungen im Verhalten können die Folge einer Kognitiven Dissonanz sein.

In meinem Beispiel bestand die Kognitive Dissonanz in den beiden konträren Einstellungen »Hausärzte sind keine richtigen Ärzte« und »Hausärzte sind die wichtigsten Ärzte überhaupt«. Diese beiden Behauptungen sind nicht miteinander vereinbar und können nicht nebeneinander bestehen. Wenn aber beide Einstellungen gleichzeitig als wahr wahrgenommen werden, besteht der Drang, dieses Spannungsgefühl aufzulösen. Eine Lösung wäre, möglichst viele Informationen einzuholen, die die eine Sicht der Dinge bestätigt – und die andere Sicht ins Hintertreffen geraten lässt.

»Die Patienten«, sagte ich leise. »Das hatte ich völlig vergessen.«

Franziska schaute mich an, sagte aber nichts.

Ich schluckte leise. »Ich hatte völlig vergessen, um was es eigentlich geht. Es geht nicht um mich, es geht nicht um große Räume, tolle Geräte oder ein Büro über den Dächern der Stadt. Es geht um die Patienten. Ich hatte das vergessen.«

Franziska lächelte. »Das glaube ich nicht.«

Nun sah ich sie fragend an, ohne etwas zu sagen.

»Sie haben das nicht vergessen. Erinnern Sie sich noch an den Tag, als Sie mir sagen mussten, dass ich Krebs habe? Damals hatten Sie so eine komische Mütze vom Weihnachtsmarkt auf.«

Oh Mist! »Ich weiß, und ...«

»Die haben sie sich vom Kopf genommen. Und es war Ihnen peinlich. Ich war Ihnen wichtig, das habe ich gespürt.«

Ich schaute Franziska Fink tief in die Augen. »Franziska, ich habe Ja gesagt.«

»Zu Doktor Bach?«

»Ja.«

»Scheiße.«

»Ja.«

Martins Stimme hatte bedrohlich geklungen. »Ich mache dir das Angebot noch ein einziges Mal. Lehnst du ab, frage ich dich nie wieder. Aber eins verspreche ich dir: Deine kleine Praxis mache ich fertig! Und dich auch! Ich gebe dir keine sechs Monate, dann bist du pleite. Also: Willst du für mich arbeiten?«

Ich schluckte schwer. »Kann ich meine Helferinnen mitbringen?«

Martin lächelte. Es war das Lächeln eines Siegers. »Aber selbstverständlich, mein Lieber.«

»Der Mietvertrag meiner Praxis läuft noch ein Jahr, und ...«

»Darum kümmern wir uns. Je früher du hier anfängst, um so besser.«

Martin führte mich in sein Büro in der obersten Etage seines Medizinpalastes. Vor einem großen Glasfenster stand ein riesiger, weißer Schreibtisch, auf dessen Rand er sich lässig setzte. Er drückte auf einen Knopf der kleinen Sprechanlage neben dem Computer auf dem Tisch. »Petra, in mein Büro«, schnauzte er in das Gerät, und keine halbe Minute später öffnete sich die Tür, und eine schmächtige Frau mit langen dunklen Haaren trat ein.

»Ja, Herr Doktor?«, fragte sie leise.

»Machen Sie mal einen Vertrag für angestellte Ärzte fertig. Wir haben einen neuen Allgemeinmediziner im Team.«

»Jawohl.« Petra würdigte mich keines Blickes, als sie den Raum verließ. Ich glaubte aber, einen Ausdruck des Bedauerns in ihrem Gesicht zu erkennen – aber vielleicht war das nur mein eigenes Gefühl, das sich in Petra widerspiegelte.

»Du fängst bei uns an, sobald wir die Genehmigung der Krankenkassen zur Verlegung deines Kassenarztsitzes in mein Zentrum haben. Bis dahin machst du normal Sprechstunde in der alten Praxis weiter. Die Patienten sollen noch nichts mitbekommen. Sonst laufen die uns davon. Aber auf der anderen Seite: Wo sollen die eigentlich hin? Die landen eh bei uns!« Martin lachte laut.

Ich hatte das Gefühl, ich sollte besser mitlachen, um Martin nicht zu verärgern. Aber mein Lachen erinnerte mich eher an Keuchhusten, und meine Gesichtsmuskeln taten dabei weh. Martin Bach hatte das nicht bemerkt. »Ich freue mich, mein Lieber, dass wir wieder mal was zusammen machen.«

Der Seelensee zeigte sich von meiner Entscheidung, meine Praxis aufzugeben und in das Gesundheitszentrum Doktor Bach zu wechseln, seltsam unbeeindruckt. Die Ente mit der lila Feder war inzwischen im Wasser verschwunden, und Franziska Fink schaute ihr traurig hinterher.

»Doktor, wir brauchen Sie. Sie müssen das irgendwie wieder rückgängig machen!«

Der Chirurg

Wer mit Freude die Därme anderer Menschen aus dem Bauchraum herausholt, sie umkrempelt, säubert und wieder zurücksteckt, muss eine selbstbewusste Persönlichkeit sein. Chirurgie ist nichts für Weicheier und Warmduscher. Mehrere Stunden am Tag mit Händeschrubben vor einem Eingriff zu verbringen und sich den Rest des Tages mit einem Tuch vor dem Mund die Beine in den Bauch zu stehen, verlangt eine gewisse Leidensfähigkeit. Aber wer anderen Schmerz und Leid zufügt, sollte bei sich selbst nicht allzu zimperlich sein. Und das weiß der Chirurg. Das lebt der Chirurg.

In der studentischen Lerngruppe war schnell klar, wer sich für die Fachrichtung Chirurgie entscheiden wird. Es waren meistens die Studenten, die in der Lage waren, den zu lernenden Stoff auf ein Minimum einzudampfen und dann mit wenigen Worten recht männlich markant wiederzugeben. Viel Zeit wurde beispielsweise mit der Erarbeitung und Erfassung von

Lernsprüchen verwendet (»War das Mädchen brav, ist der Bauch konkav. Hatte das Mädchen Sex, ist der Bauch konvex«). Männlichkeit ist generell wichtig für den Chirurgen. Seltsamerweise auch für die Chirurgin. Ein Damenbart wird nur nicht getragen, weil es unhygienisch ist.

Die Studenten der chirurgischen Lerngruppe interessierten sich mehr für Anatomie (»Boa, schau mal, was für ein schöner Ductus omphal cephalicus«) als für Physiologie oder Biochemie (»Ist doch egal. Hauptsache, es funktioniert«).

Wollte man auf der Uni-Party Frauen kennenlernen, musste man sich einfach in die Gruppe der angehenden Chirurgen einschleusen. Dann lief der Abend wie von alleine. Bis rauskam, dass man gar nicht Chirurg werden wollte. Das Argument »Der Chirurg ist was für eine Nacht, der Hausarzt für's ganze Leben« ist zwar wahr, führte aber auf Partys selten zum Erfolg.

Chirurgen sind Macher. Sie reden nicht lange um den heißen Abszess herum, sie schneiden rein. Einfache Wahrheiten wie »Ubi pus, ibi evacua« (»Wo Eiter ist, dort entleere ihn«) sind ihre Welt. Und während die Internisten noch mit den Mikrobiologen über die möglichen Erreger in der Eiterbeule diskutieren, hat der Chirurg sie schon aufgeschnitten, entleert, gespült, die bindegewebige Kapsel entfernt, zugenäht, verbunden und eine Runde Golf gespielt.

Dieser Tatendrang führt häufig dazu, dass andere Fachrichtungen dem Chirurgen mit Argwohn begegnen. Andere Ärzte fühlen sich ihm aus Selbstschutz häufig intellektuell überlegen.

Gerade Anästhesisten, die während der oft stundenlangen Operationen nicht stehen müssen, sondern es sich im Sitzen bequem machen können, während sie in regelmäßigen Abständen die Narkosegas-Hähne minimal öffnen und schließen, betonen immer wieder ihre intellektuelle Überlegenheit. Das grüne Tuch, das den Kopf des Patienten für den Narkosearzt vom restlichen Körper abtrennt und den blutigen Teil des Operationsfeldes dem Chirurgen überlässt, wird deshalb auch scherzhaft als »Blut-Hirn-Schranke« bezeichnet. Dem Chirurgen das Blut, dem Anästhesisten das Hirn.

Aber auch der Chirurg möchte sich am liebsten von den anderen ärztlichen Fachrichtungen distanzieren. Am liebsten wäre er eigentlich gar kein Arzt – einfach nur Chirurg. In England wollen Chirurgen noch nicht mal mit »Doctor« angesprochen werden, sondern mit »Mister«. Diesen Titel, der sie von den gemeinen Ärzten unterscheidet, tragen britische Chirurgen seit dem 18. Jahrhundert mit Stolz.

Und auch heute umgibt die Chirurgie der Glanz einer göttlichen Medizin. Als mein Vater einmal ein gebrauchtes Auto kaufen wollte, aber noch überlegte, ob der Wagen den Preis wert sei, war das entscheidende Verkaufsargument der Verkäuferin: »Mein Mann hat den Wagen gefahren. Er ist Chirurg.« Mein Vater hat das Auto gekauft, ohne auch nur den Versuch zu unternehmen, zu feilschen.

8

Party

Es war die letzte Studenten-Party meines Medizinstudiums gewesen. Die Zeiten in den Hörsälen der Universität war vorbei, und ab Montag würde ich als PJ-Student Dienst auf den verschiedenen Stationen der Uniklinik machen, gefangen in dieser seltsamen Zwischenwelt. Der Student im Alltag eines Arztes. Die Pubertät der Medizin – der Körper könnte schon, aber der Geist ist noch nicht so weit.

Aber heute war erst mal Freitag. Und Freitag war Party-Tag.

Ich hatte mir angewöhnt, Partys, auf denen nur Mediziner anwesend waren, zu meiden. Auch wenn angehende Ärzte größtenteils nette Menschen sind – feiern konnten sie nicht. Meistens endete der gesellige Abend in einer Diskussionsrunde über die gesundheitliche Versorgung in der Dritten Welt. Und darauf hatte ich an diesem Abend keine Lust. Also entschied ich mich, eine der großen Uni-Partys zu besuchen. Eines jener Feste, zu denen Studenten aller Fachrichtungen kommen. Eine bunte Mischung alltagsfremder Lebemenschen. Und genau das brauchte ich an diesem Abend.

So gingen also mein Freund Robert und ich zur großen Fachschaftsparty der SoWis. Die Sozialwissenschaftler erschienen uns als ganz munteres Häufchen mit hohem Frauenanteil. Robert hatte zuerst vorgeschlagen, wir sollten auf die Party der Sportwissenschaftler gehen, weil es da das bessere Essen gäbe. Aber nach einem kurzen Blick auf den Zustand meiner Muskeln und meines Bauches fand ich die sozialwissenschaftliche Feier angemessener.

»Lass uns wieder Chirurgen sein«, sagte Robert auf dem Weg in das Studentencafé, in dem die Party stattfand.

»Ach bitte nicht«, jammerte ich leicht genervt.

Robert wusste schon vom ersten Tag seines Studiums an, dass er Chirurg werden würde. Er hatte mich auch in seine Theorie eingeführt, dass Chirurgen auf Partys besonders gut bei den Frauen ankamen. Und in der Tat erzählte Robert auf jeder Feier, dass er ein junger Arzt in der chirurgischen Facharztweiterbildung sei. Und die Frauen glaubten ihm und hingen an seinen Lippen und Schultern. Aber Robert hatte ja auch breite Schultern. Er war blond, groß, sportlich, und die Frauen hätten auch an ihm gehangen, wenn er Philosophiestudent im 18. Semester gewesen wäre. Aber die Chirurgen-Party-Theorie musste zumindest teilweise stimmen, denn je blutiger Roberts Geschichten wurden, desto mehr Frauen versammelten sich um ihn.

»Ich mag das nicht, so zu tun, als seien wir Chirurgen«, sagte ich.

»Jetzt stell dich mal nicht so an. Ist doch für einen guten Zweck«, zwinkerte Robert mir zu. Für Robert war alles für einen guten Zweck, wenn es ihm Vorteile verschaffte. Und so beschlossen wir, mit einer Für-Stimme und einer Enthaltung, an diesem Abend Chirurgen zu sein.

»Wie kann man nur Chirurg werden wollen? Ätzend!« Mein Abend lief nicht wie geplant. Die junge Frau neben mir schüttelte angewidert den Kopf und nahm einen Schluck von ihrem Bio-Möhren-Cocktail. »Ich finde, Ärzte müssen menschlich sein. Und Chirurgen sind einfach unmenschlich.«

»Das stimmt so aber auch nicht ganz«, verteidigte ich meine angebliche Fachrichtung. »Natürlich müssen Ärzte menschlich sein. Aber wenn du von einem Auto angefahren wirst, möchtest du auch nicht erst darüber reden. Dann bist du froh, dass da jemand ist, der dich ohne viele Worte wieder zusammenflickt.«

»Na, ich weiß nicht. Den ganzen Tag Blut und Gedärm. Das wär nix für mich.«

Ich blickte heimlich rüber zu Robert. Der stand am Rand der Party, und um ihm herum hatte sich eine Gruppe hübscher Frauen versammelt, die ihn anhimmelten. Die Stimmung schien großartig zu sein. Es wurde laut gelacht und offen geflirtet. Ich konnte Wortfetzen von Roberts Geschichten hören: »... ein Loch im Bauch, so groß wie eine Melone...«, »... das halbe Bein war ab ...«, »... und ich bemerkte, das war kein Schnodder – das war Gehirn, was da aus der Nase rauskam!«

Wahrscheinlich hatte die Frau neben mir recht – Chirurgen waren eine besondere Art von Menschen.

»Und was studierst du?«, fragte ich sie.

»Psychologie.«

»Aha.«

»Was meinst du mit ›Aha‹?«

Scheiße. In diesem Moment wusste ich, dass ich mich nicht mehr aus diesem Gespräch befreien konnte. Psychologinnen lassen nicht locker. Und die junge Frau würde weiterbohren und meine Worthülsen entlarven. Das Einfachste wäre gewesen, mich zu entschuldigen und aufs Klo zu gehen. Und dann einfach nicht mehr zurückzukommen. Aber selbst diese Rückzugsmöglichkeit blieb mir nicht, redete die Psychologin *in spe* doch einfach weiter: »Das ist typisch Chirurg, immer auf Abwehr. Aber wahrscheinlich muss man so sein, sonst könnte man den Job gar nicht machen.«

»Aber …«

»Aber da ist mehr im Leben als nur Schneiden und Klammern. Man kann nicht jedes Problem mit einem Messer lösen.«

Sie nahm noch einen Schluck von ihrem Möhren-Cocktail. Am Rand ihrer Oberlippe bildete sich ein kleiner orangefarbener Schatten. Irgendwie sah sie recht süß aus, wie sie sich so über Chirurgen aufregte und sich in Rage redete. Mit ihrem unbemerkten Karottenschatten über dem Mund. Ich betrachtete sie und folgte ihren Worten nur noch teilweise.

»… typisch männliche Sicht der Dinge …«

Sie hatte lange dunkle Haare und tiefblaue Augen mit winzig kleinen Lachfältchen an den Augenwinkeln. Wenn sie zwinkerte, sah ich eine kleine Kontaktlinse in ihren Augen schwimmen. Bei jedem Blinkern wurde sie vom Augenlid nach oben gehoben und sank dann wieder ab. Es gab ihren Augen etwas Magisches.

»… dass es da eine tiefere Ebene …«

Das Gesicht war lebhaft, mit Sommersprossen auf den Wangen. Die Falten auf der Stirn beim Sprechen zeigten mir, wie wichtig ihr das Thema war. Auch ohne ihr richtig zuzuhören, verstand ich sie. Ich wusste, was sie meinte.

»… muss man aufpassen, dass …«

Am liebsten hätte ich sie unterbrochen und ihr gestanden, dass ich gar nicht Chirurg werden wollte. Aber ich war gefangen in den Tiefen ihres Gesichtes. Und ich hatte das Gefühl, ich konnte ein Stück ihrer Seele in ihren Augen erkennen.

»… die Kränkungen sind sonst einfach …«

»Wie heißt du eigentlich?«, fiel ich ihr ins Wort.

Sie schaute mich verwundert an: »Joanna.«

Unseren ersten gemeinsamen Urlaub verbrachten wir an der Nordsee auf Sylt. Endlose Spaziergänge mit endlosen Gesprächen. Salzige Seeluft, Wind in den Haaren und das Leben mit all seinen Möglichkeiten vor uns. Wir liefen Hand in Hand durch die Dünenlandschaft, und ich wusste: Diese Frau würde ich niemals wieder loslassen.

9

Muh!

Mein Rücken schmerzte, als ich von der Katze in die Kuh wechselte. Ich hatte das Gefühl, dass mein Kreuz brechen würde, und mein Bauch, der auch schon schlankere Zeiten erlebt hatte, zog wie ein Mehlsack an meiner Lendenwirbelsäule. Ich hatte wirklich Besseres zu tun, als mit Joanna zum Baby-Yoga zu gehen. Aber ich hatte es ihr versprochen, und ein bisschen Gemeinsamkeit würde uns sicher guttun.

Aber warum musste es ausgerechnet Yoga sein? Gibt es nicht andere Sportarten, die man mit einem Baby machen kann? Im Park sah ich häufig hinter einem sportlichen Hightech-Jogging-Kinderwagen her trabende Paare. Das wäre doch was für uns. Oder vielleicht Billard? Da kann neben dem Billardtisch auch der Maxi-Cosi samt Baby stehen, während sich die Eltern vergnügten.

Außerdem hatte ich mir unter Baby-Yoga was anderes vorgestellt. Ich weiß auch nicht, wieso ich geglaubt hatte, das neun Monate alte Kind würde selber Yoga machen, während die Eltern entzückt dem Wonneproppen zuschauen und darüber nachdenken, noch ein Kind in die Welt zu setzen. Weil das erste ja so süß geworden war.

Aber die Realität sah natürlich anders aus. Während ihre Eltern sich streckten und verbogen, lag Lilli schlafend am Rand der Matte und sah beneidenswert zufrieden aus. Kein Wunder, sie musste ja nicht nach einem missglückten Sonnengruß zwischen der Katzenbuckel- und der Kuheuter-Position wechseln. Ganz am Anfang der Übung hatte ich einmal laut »Muh!« gerufen, aber nur missbilligende Blicke der um uns herumturnenden Profi-Mütter geerntet, die plötzlich alle sehr betroffen waren und Joanna dann mitleidig ansahen.

»Hör auf damit!«, zischte mich Joanna an.

»Aber das ist die Position der Kuh«, gab ich zurück, als würde das mein Verhalten entschuldigen.

»Nun nimm das doch mal ernst! Yoga ist die beste Rückbildungsgymnastik.«

»Ich muss doch gar nichts rückbilden. Ich war nicht schwanger.«

»Hast aber auch ganz schön zugelegt.«

Die Mütter um uns herum grinsten zufrieden, und ich beugte mich dem Schicksal der Bildungsbürgerbelustigung und meinen Rücken. Meine Mutter hatte sich nach meiner Geburt von ganz alleine zurückgebildet. Ich kann mich nicht erinnern, dass mein Vater mir von seinen Erfahrungen beim Baby-Yoga erzählt hätte. Und ich würde mich auch heute noch schämen, ihn jemals in so eine Lage gebracht zu haben.

Positionswechsel der ganzen Gruppe in den Lotus-Sitz.

Yoga soll ja auch etwas Meditatives haben. Also versuchte ich, das Beste aus der Situation zu machen, indem ich mir vorstellte, dass mir während der tiefen Meditation die Lösung meines Martin-Bach-Problems eingegeben würde. Aber immer wenn ich versuchte, mich zu entspannen, machte mir ein ziehender Schmerz im Rücken und der Hinterseite meiner Oberschenkel einen Strich durch die Rechnung. Verständnisvoll, aber leicht überheblich kam die Yogalehrerin zu mir herüber und legte ihre Hand mit leichtem Druck auf meinen unteren Rücken. Sie war kalt und knochig, und mir war sofort klar, dass die Dame Vegetarierin sein musste. Dass diese Assoziation Quatsch war, wusste ich. Ich versuchte schließlich auch so wenig Fleisch wie möglich zu essen. Aber trotzdem dachte ich an Eisenmangel, schlechte Durchblutung und Magersucht.

»Atme einfach in deinen Schmerz hinein«, säuselte sie.

»Da kann ich so viel atmen, wie ich will. Das tut trotzdem weh.«

»Du musst versuchen, loszulassen.«

»Aua.«

Die Yogagöttin sah mich an, runzelte die Stirn und lächelte dann erhaben. »Warte mal kurz.«

Was sollte ich auch sonst tun, außer warten? Es war ja nicht so, dass ich in Bewegung war. Der Lotus-Sitz war eine bewegungslose Übung. Abgesehen von dem leichten Zittern, das meine Muskeln von sich gaben, während ich versuchte, den Schmerz erträglich zu halten. Also versuchte ich, weiter still zu sitzen, während die Lehrerin in den hinteren Teil des Raumes ging. Die Gruppe schaute zu mir herüber, und ich gab mir alle Mühe, erhaben zu lächeln. Was mir nicht wirklich überzeugend gelang.

»Was ist denn nun schon wieder?«, fragte Joanna ungeduldig.

»Ich weiß auch nicht«, sagte ich unschuldig.

»Musst du immer im Mittelpunkt stehen?«

Ich lächelte. Leider gar nicht erhaben.

Als die Instruktorin zurückkam, war mir klar, was sie geholt hatte. Sie nahm das weiche, blaue Kissen und schob es mir unter den Po.

»Dann ist der Lotus-Sitz für dich einfacher«, sagte sie, nun gar nicht mehr so leise. Alle Augen auf mich. »Dadurch wird dein Becken angehoben, und deine Muskeln und Bänder schmerzen nicht mehr so stark.«

Nun saß ich also als einziger Yogi im Raum auf einem weichen Kissen, das mir eine leicht gebeugte Haltung erlaubte, und wartete auf die meditative Eingebung. Doch nichts erhellte mich. Auch nicht, als die Yoga-Lehrerin eine Klangschale anschlug und »Om!« sang. Ebenfalls nicht, als ich tief in mein Sonnengeflecht hineinspürte. Und vor allem nicht, als ich nach der Yoga-Stunde die Windeln von Lilli wechselte.

»War doch schön, oder?«, fragte Joanna.

»Was?«, fragte ich.

»Die Yoga-Stunde, du Depp.«

»Ach so. Ja, war toll.«

»Sagst du das jetzt nur so?«

»Nein. War schön. Ich muss wirklich mehr Sport machen.«

»Hallo, ihr beiden.« Eine der Mütter kam zu uns an den Wickeltisch. Im Arm hielt sie ein unfassbar dickes Baby. »Ich bin Dana.«

»Hallo Dana«, sagte Joanna freundlich. »Ich bin Joanna.«

»Du bist Arzt, oder?«, fragte Dana mich.

»Ja, bin ich.«

»Also, ich fand dein ›Muh‹ echt lustig.«

Triumphierend sah ich Joanna an, die ihre Augen verdrehte.

»Echt?«, fragte ich. »Warum heißt die Übung auch sonst Kuh, wenn man nicht einmal ›Muh‹ sagen darf?«

Dana kicherte. Joanna schüttelte leicht den Kopf. Ich konnte deutlich das Weiße in ihren Augen sehen.

»Ist sowieso alles zu steif hier, oder?« Dana lächelte und rückte ihren adipösen Nachwuchs auf dem Arm zurecht.

Sie sprach mir aus der Seele. »Finde ich auch. Yoga soll doch Entspannung sein. Mir kommt es eher wie Arbeit vor.«

»Sag mal«, unterbrach Joanna. »Du hast doch eben gesagt, es hätte dir Spaß gemacht.«

»Ich habe ja nicht gesagt, dass mir Arbeit nicht auch Spaß machen würde«, versuchte ich mich herauszureden.

Dana lachte und legte ihre Hand auf meinen Oberarm. »Lass mal. Deine Frau nimmt das hier sehr ernst.«

Joanna schaute Dana an, wie nur Frauen einander anschauen können, wenn sie sich gegenseitig den Tod oder Menstruationsbeschwerden wünschen. »Dein Pummel-Baby sollte das hier auch lieber ernst nehmen und sich mal mehr bewegen.«

»Karl hat eine Milchunverträglichkeit!«, zischte Dana meine Frau an.

»Na und? Fütterst du ihn deshalb mit reiner Butter?«, lächelte Joanna, sichtlich in Kämpferstimmung.

»Dein Sohn heißt Karl?«, fragte ich erstaunt.

»Butter ist doch auch aus Milch. Als Arztgattin solltest du das aber wissen!« Dana sah mich hilfesuchend an. »Mit Milchunverträglichkeit ist nicht zu spaßen, oder?«

Als Arzt und Ehemann erkenne ich Situationen, in denen man nur verlieren kann, sofort. Natürlich ist mit einer Milchzuckerunverträglichkeit nicht zu spaßen. Genauso wenig wie mit Pseudokrupp oder Krampfadern. Wenn ich das aber zugegeben hätte, wäre ich Joanna in den Rücken gefallen.

»Milchzuckerunverträglichkeit ist nicht schön. Aber Bewegung ist auch wichtig.«

Selten hatte ich so nichtssagenden Stuss von mir gegeben, und Joanna bemerkte natürlich sofort, wie peinlich mir die Situation war. Aber anstatt laut zu lachen, Dana kumpelhaft in die Seite zu stupsen und zu verkünden, dass Yoga die letzte Art für Babys sei, um fit zu werden, drehte sich meine Frau langsam zu mir um und sagte mit leiser Stimme: »Wenn ihr euch so gut versteht, solltet ihr vielleicht zusammen Sport machen. Vielleicht Darts? Oder Hallen-Halma!«

Joanna griff sich Lilli und stürmte aus der Umkleide, ehe ich etwas erwidern konnte.

»Postnatale Depression?«, fragte Dana.

Ich war wie gelähmt. Meine Frau war gerade aus unserem gemeinsamen Sportkurs geflüchtet und ließ mich umringt von Ökomüttern mit dicken Babys zurück.

»Das hatte ich auch kurz nach der Entbindung. Ich war da echt nicht gut drauf. War mir alles zu viel. Mein Arzt hat mir dann was aufgeschrieben. Danach ging es mir besser.«

»Joanna ist nicht depressiv«, sagte ich entschuldigend.

»Okay, ich meine ja nur. Du, wenn du jemanden zum Reden brauchst. Ich wär' für dich da.«

»Danke, geht schon.«

»Ist aber wichtig. Zu reden und so. Aber das weißt du bestimmt. Du bist ja Arzt.«

Und wieder legte Dana ihre Hand auf meinen Arm. Ich wunderte mich, wie sie es schaffte, ihr Sumo-Baby mit einer Hand zu halten, während sie zärtlich flirtend mit der anderen meinen Arm berührte. Und irgendwie tat es mir gut.

»Wo ist denn deine Frau?« Vor uns stand die Yoga-Lehrerin, und ich fühlte mich plötzlich wie ein Grundschüler, der beim Abschreiben ertappt wird.

»Äh, Joanna ist schon mal vorgegangen«, stammelte ich.

»Ihr müsst noch die Kursgebühr für diesen Monat bezahlen.« Die Yoga-Lehrerin schaute abschätzig zu Dana herüber. »Und dir, Dana? Hat dir die Probestunde gefallen?«

»Geht so«, sagte Dana. »Hatte mir das irgendwie anders vorgestellt. Ich glaube, ich suche mir einen anderen Sport.«

»Ist vielleicht besser so«, erwiderte die Yoga-Lehrerin leicht beleidigt.

»Ich besuche dich mal in deiner Praxis«, zwinkerte Dana mir zu. »Kannst mich mal untersuchen. Vielleicht habe ich ja auch eine Milchunverträglichkeit?«

Als Dana den Raum verlassen hatte, stand ich alleine mit der strengen Yoga-Lehrerin in der Umkleidekabine und fühlte mich seltsam fehl am Platz.

»Du solltest mehr auf eure Ehe aufpassen. Eine Ehe ist etwas Kostbares. Das wirft man nicht einfach weg.«

Ich hatte nichts weggeworfen. Joanna ist von alleine

weggestürmt. Und ich hatte keine Lust, mich von einer Yoga-Kampf-Sportlerin über Beziehungen belehren zu lassen. Aber meine Unlust störte sie nicht im Geringsten.

»Eine Ehe ist ein Geben und Nehmen«, fuhr sie fort. »Wie Yin und Yang. Ihr ergänzt euch und seid trotzdem Teil voneinander. Ich spüre das ganz tief in mir, dass Joanna und du ein tolles Paar seid. Ihr müsst nur an euch arbeiten.«

Ich spürte ganz tief in mir einen Groll auf dieses esoterische Geschwätz von Yin und Yang und Beziehungsarbeit in der Lotus-Gruppe. Ich schaffte es ja nicht mal, ohne Kissen gerade zu sitzen, sodass mir nicht die Beine einschliefen. Ich hatte keine Lust auf flirtende Calmund-Mütter, Klangschalen und stumme Kühe. Ich wollte meine Probleme lösen und mir nicht noch neue dazuholen.

Aber ich wäre kein Hausarzt-Weichei gewesen, wenn ich im Rausgehen nicht noch »Danke dir, ich denke darüber nach« gesagt hätte.

Und da stand ich nun. Auf dem Parkplatz vor der Sporthalle. Ich sah mich um. Weit und breit keine Spur von Joanna. Andere, richtige Sportler drängten aus der Mehrzwecksporthalle ins Freie. Männer in Fußballkleidung, Frauen mit Volleybällen und Stirnbändern. Jugendliche mit Sporttaschen und Trinkflaschen voller isotonischer Sportdrinks. Was war bloß aus mir geworden?

Der Spaziergang nach Hause tat mir und meinem Rücken gut. Er dauerte etwas über eine Stunde, aber brachte ein wenig Klarheit in meine Gedanken. Joanna und ich ergänzten uns wirklich. Und wir waren ein tolles Paar. Keine Danas dieser Welt würden das jemals ändern. Und mit Martin Bach würde ich auch noch fertig werden.

Ich fühlte mich prima, als ich die Treppe zu unserer Wohnung hochlief. Da war so viel in meinem Kopf, das ich Joanna sagen wollte. Über Yoga, und dass mir jeder Sport der Welt gefallen würde, wenn ich ihn zusammen mit meiner Frau und meiner Tochter machen könnte. Dass ich selbst Yin, Yang und strenge Yoga-Lehrerinnen in Kauf nehmen würde, weil ich so glücklich mit meiner kleinen Familie war.

Von tiefen Emotionen beseelt, öffnete ich die Tür und trat durch den kleinen Flur ins Wohnzimmer – und traute meinen Augen nicht. Erstaunlich, wie schnell die Hormondrüsen und Neurotransmitter des menschlichen Gehirns ihre Arbeit umstellen. Von tiefer Zufriedenheit und menschlichem Glück zu Entsetzen und Unverständnis innerhalb von Bruchteilen einer Sekunde.

»Schau mal, wen ich getroffen habe!«, rief mir Joanna entgegen.

Und da saß er. Auf meinem Sofa. In meinem Wohnzimmer. Mit meiner Frau. Mit meinem Tee. Und grinste breit und falsch. Martin Bach.

»Was machst du denn hier?«, fragte ich verwundert.

»Hallo, mein Lieber. Ich habe Joanna draußen getroffen. Und jetzt trinken wir Tee.«

Ich hasste ihn.

»Martin war gerade dabei, mir von seinem Mega-Zentrum zu erzählen.«

Irgendwie hatte ich bislang vergessen, Joanna von meiner Zusage bei Doktor Bach zu erzählen. Okay! Vergessen war nicht das richtige Wort. Eher: verdrängt.

Wahrscheinlich hatte ich einfach gehofft, alles würde gut gehen und sich von alleine regeln. Mir war durchaus bewusst, dass ich Joanna irgendwann von meinem Plan berichten musste. Aber ich hatte Angst vor ihrer Reaktion. Und nun saß Martin in meiner Wohnung und prahlte von seinem Gesundheitszentrum. Hatte er ihr schon etwas erzählt? Joanna war entspannt und fröhlich. Sie wusste also noch nichts, oder?

»Du, Martin hat ein riesiges Gesundheitszentrum. Mit ganz vielen Fachrichtungen. Alles unter einem Dach. Und er braucht noch einen Allgemeinmediziner«, Joanna schaute besorgt.

»Ist nicht wahr«, grinste Martin. »Du hast es ihr noch nicht erzählt?«

Ich schluckte schwer. Oh nein!

»Was erzählt?«, fragte Joanna.

»Du bist mit der schönsten Frau der Welt verheiratet und hast so ein Geheimnis vor ihr? Ich glaub es nicht!« Martin lachte laut.

»Ich verstehe gar nichts. Was denn erzählt?« Joanna wurde ungeduldig.

Ich versuchte, unser Yin und Yang zu spüren und mir den Ton der Klangschale in Erinnerung zu rufen, um mich zu beruhigen. *Muh!,* machte es in mir. Was sagt man einer Frau, der man geschworen hat, niemals Geheimnisse zu haben, kurz bevor das größte Geheimnis platzt?

Zum zweiten Mal an diesem Tag hatte ich das Gefühl, auf der Verliererstraße des Lebens zu sein. Unangeschnallt mit 200 km/h in meinem alten, rostigen Golf unterwegs. Auf der Überholspur neben mir Doktor Martin Bach in seinem modernen Sportwagen. Seine Zähne blitzten beim Lachen, und ich konnte sein rotes

Gaumenzäpfchen wackeln sehen. Plötzlich zog er das Lenkrad herüber und fuhr nun viel zu nah neben mir. Ich wusste, er würde mich ausbremsen und er würde dank Airbag, automatischem Gurtstraffer und der festeren Karosserie überleben, während die Feuerwehr mich bequemlichkeitshalber gar nicht mehr aus dem zusammengequetschten Rostball herausschneiden würde.

»Ich glaube, ich lasse euch beide lieber mal alleine. Obwohl, warte mal. Nein. Ich bleibe. Ist gerade zu spannend.« Martin grinste.

Als ich später am Abend den Reißverschluss meines Schlafsackes zuzog und versuchte, es mir auf der Untersuchungsliege meiner Praxis bequem zu machen, war ich seltsam glücklich, eine eigene Praxis zu haben. Andere Männer mussten bei ihren Eltern oder beim besten Kumpel einziehen, nachdem ihre Frau sie rausgeschmissen hatte. Ich hingegen hatte irgendwie immer noch meine eigenen vier Wände – auch wenn es die Wände meiner kleinen Hausarztpraxis waren.

Der Internist

Was dem Chirurg sein Skalpell, ist dem Internisten seine Pille. Als Facharzt für innere Erkrankungen hat er mit mehr als 50 000 unterschiedlichen Diagnosen zu kämpfen, von denen eine Vielzahl nicht wirklich behandelbar ist. Aber das stört den Internisten nicht, solange es für jede Erkrankung eine Pille, Tropfen, Zäpfchen, Spritzen oder eine andere Form von Medikament gibt, die zumindest den Anschein erweckt, irgendwelche Wirkungen im menschlichen Körper hervorzurufen.

Und Wirkungen rufen diese Mittelchen immer hervor – auch wenn es nur eine Nebenwirkung oder der Placebo-Effekt ist. Wenn ein Chirurg dem Patienten ein Bein amputiert, würde kein ernsthaft denkender Mensch dem Patienten vorwerfen, sein Hinken nach der Operation wäre psychosomatisch und beruhe nur auf einem Placebo-Effekt. Aber der Internist hat mit diesen Vorwürfen über die Effektivität seiner Behandlungen ständig zu kämpfen. Auch wenn er richtige

Medikamente verordnet – also solche mit einem Wirkstoff, für dessen Entwicklung die Pharmaindustrie viel Geld ausgegeben hat.

Es ist ja auch schwer verständlich, weshalb eine kleine runde Pille, die zu 99% aus Milchzucker besteht, einen Kranken plötzlich gesund machen soll. Da helfen auch keine Beteuerungen des internistischen Facharztes, dass auch eine kleine Menge des Arzneistoffes große Wirkungen an den Zell-Rezeptoren hervorruft. »Was ich nicht sehen kann, das glaube ich nicht.« Und, ganz ehrlich: Wer hat schon einmal einen Rezeptor an einer Zelle gesehen? Da glaubt man doch lieber an die Heilkraft des Chirurgen, der lächelnd mit einem abgeschnittenen Bein in der Hand den OP-Saal verlässt.

Und mit diesen Vorurteilen der Unwirksamkeit seiner Maßnahmen hat der Internist von Beginn seiner Karriere an zu kämpfen. Da hilft es auch nicht, dass viele Internisten sich zu speziellen Spezial-Fachärzten weiterbilden lassen, wie zum Beispiel Kardiologen (Herz-Kreislauf), Pulmologen (Lunge), Gastroenterologen (Magen-Darm) oder Nephrologen (Nieren).

Dem Internisten haftet bis zum beruflichen Lebensende das Vorurteil des medizinischen Weicheies an, das sich nur nicht traut, richtige Eingriffe am Menschen vorzunehmen. Und das ist in besonderem Maß unfair, da alleine in Deutschland jedes Jahr ungefähr 16 000 Menschen an Nebenwirkungen von Medikamenten sterben. Man braucht kein Skalpell, um Menschen umzubringen.

Eine Möglichkeit des Internisten, den feindlichen Angriffen der operativen Kollegen zu begegnen, ist die Entwicklung eines abgrundtief arroganten Verhaltens.

»Niveau sieht nur von unten aus wie Arroganz« war der Lieblingsspruch meines internistischen Oberarztes und an Arroganz nicht zu überbieten. Trotzdem fragte ich mich tagtäglich auf der morgendlichen Stationsvisite, wie erwachsene Menschen ihren beruflichen Alltag sinnfindend damit zubringen können, die Dosis des Blutdruckmedikamentes von 2,5 mg auf 3,75 mg zu erhöhen, um es dann am nächsten Tag wieder auf 2,5 mg zu reduzieren.

Internisten haben es aber wirklich nicht einfach und müssen mit geringen Erfolgen zufrieden sein. Es ist frustrierend, wenn die therapeutischen Bemühungen so einfach durch den Patienten zu unterwandern sind. Wenn der Chirurg eine Gallenblase entfernt, kann der Patient sich nach dem Eingriff nicht einfach heimlich wieder eine einsetzen lassen, mit den gleichen Beschwerden beim Chirurgen erscheinen und sagen: »Geht immer noch nicht besser.« Beim Internisten findet dieses Phänomen tagtäglich statt. Medikamente werden nicht eingenommen, Diäthinweise werden nicht befolgt. Es wird heimlich weitergeraucht, gesoffen, gekifft und sportverweigert. Und nachdem dann die Beschwerden nicht besser geworden sind, wird die Schuld beim Internisten gesucht. Und was macht der? Der erhöht die Dosis von 2,5 mg auf 3,75 mg.

10

Werners Geist

»Du bist schon da?« Michaela war erstaunt, als sie die Tür der Praxis aufschloss und ich schon an der Anmeldung saß.

»Ja. Ich konnte nicht schlafen«, log ich.

»Und rasieren konntest du dich auch nicht? Ärger zu Hause?«

Michaela durchschaute mich. Ich wollte das allerdings nicht zugeben. Ich wollte ihr nicht von meinen Erfahrungen beim Baby-Yoga und meinem Rausschmiss zu Hause erzählen. Noch nicht.

»Nein, nein. Alles in Ordnung«, sagte ich.

»Na klar.« Sie glaubte mir kein Wort.

Meine erste Patientin war Diana Eichmann, eine Mittvierzigerin, die gut im Futter stand.

»Ich weiß ja auch nicht, was ich noch machen soll, Herr Doktor«, beteuerte sie, als ich sie auf ihr Übergewicht ansprach. »Ich esse gar nicht so viel. Außerdem bin ich ja schon auf Diät.«

Es ist erstaunlich, wie viele Menschen gar nicht viel

essen und trotzdem übergewichtig sind. Aber meistens sind nicht die Drüsen schuld, sondern die Fehleinschätzung, was Essen eigentlich ist. All die Zwischenmahlzeiten, die kleinen Naschereien im Lauf des Tages und die süßen Getränke werden häufig nicht dazugezählt. Sondern nur die großen Mahlzeiten, zwischen den Zwischenmahlzeiten. Die Zwischen-Zwischenmahlzeiten.

»Was essen Sie denn so im Laufe eines Tages?«, wollte ich also wissen.

»Ich mache doch so eine Diät mit Punkten.«

»Aber Sie essen ja keine Punkte. Sie essen doch Lebensmittel. Erzählen Sie mal.«

»Also, die Punkte berechnen sich aus meinem Geschlecht. Und da bin ich ja weiblich. Dafür bekomme ich sieben Punkte. Für mein Alter darf ich drei Punkte essen. Und da ich mich nicht so viel bewege, bekomme ich dafür sechs Punkte. Und bei meinem Gewicht kommen dann da noch mal zehn Punkte dazu. Weil ich recht klein bin, muss ich die Punkte verdoppeln.«

Mir schwirrte der Kopf.

»Und dann gibt es da diese Tabelle.« Frau Eichmann kramte in ihrer Handtasche und zog ein kleines zerknittertes Büchlein heraus. Sie schlug es auf und zeigte auf eine ausgeblichene Tabelle mit Lebensmitteln. Neben jedem Lebensmittel stand eine Zahl. Neben Brötchen stand beispielsweise eine große 4. Auch hundert Gramm Nudeln bekamen vier Punkte, eine große Portion Pommes sogar acht.

»Jeden Tag darf ich also 52 Punkte essen. Da halte ich mich dran. Und nehme trotzdem nicht ab.« Diana Eichmann wirkte ratlos.

»Zeigen Sie mir doch mal bitte das Buch«, bat ich.

Das Büchlein hatte sicherlich schon bessere Zeiten gesehen. Auf den Seiten klebten eingetrocknete Speisereste mit einem Wert von mindestens zehn Punkten. Ich überflog die Punktetabelle.

»Komisch«, sagte ich. »Bei 52 Punkten am Tag dürften Sie ja vier große Portionen Pommes mit Cheeseburger sowie eine ganze Packung Spaghetti essen und hätten dann immer noch Platz für ein Frühstück. Davon kann man nicht abnehmen.«

»Aber ich habe doch alles richtig gemacht, oder?«

Ich schaute mir noch einmal die Berechnung der Punkte an, die in dem Büchlein erklärt wurde. Und plötzlich wurde mir einiges klar.

»Frau Eichmann, Sie haben sich verrechnet.«

»Wie bitte?«

»Für Ihre Körpergröße dürfen Sie zwei Punkte dazurechnen. Also addieren. Sie haben ›plus‹ mit ›mal‹ verwechselt und die Punkte verdoppelt.«

Diana Eichmann sah mich verständnislos an.

»Außerdem bekommen Sie nicht sechs Punkte, weil Sie sich wenig bewegen. Die würden Sie nur bekommen, wenn Sie körperlich arbeiten.«

»Aber auch Sitzen ist anstrengend«, verteidigte sich Frau Eichmann.

»Nicht wirklich. Bei Ihrem Diätplan ist es kein Wunder, dass Sie nicht abnehmen.«

»Vielleicht sind ja meine Drüsen krank.«

»Das glaube ich nicht. Sie haben sich einfach nur verrechnet. Sie essen doppelt so viel, wie erlaubt wäre.«

»Endlich habe ich mal eine Diät gefunden, bei der ich keinen Hunger habe, und nun verderben Sie mir alles, Herr Doktor.« Frau Eichmann war sichtlich wütend auf mich.

»Entschuldigung, aber ich habe die Punkte nicht erfunden«, versuchte ich mich zu verteidigen. Aber es hatte keinen Sinn. Frau Eichmann riss mir das Büchlein aus der Hand, steckte es in die Handtasche zurück und sprang auf. »Sie haben in letzter Zeit aber auch ganz gut zugelegt«, rief sie, eilte aus dem Sprechzimmer und knallte die Tür hinter sich zu.

Eigentlich ein wunderschöner Wintermorgen. Die Sonne schien durch das Fenster in mein Sprechzimmer, der Schnee auf der Straße war fast weggeschmolzen. Und ich glaubte, sogar Vögel zwitschern zu hören. Und das nervte mich! Es war einer der Tage, an denen ich alles hasste. Menschen, Tiere – insbesondere Vögel – und Pflanzen. Mit Steinen hätte ich mich heute vielleicht noch anfreunden können. Aber Steine waren gerade nicht greifbar. Also hasste ich der Einfachheit halber einfach alles.

»Der Nächste, bitte!«, knurrte ich in Richtung Wartezimmer.

Wenn ich in diesem Moment mein wartender Patient gewesen wäre, ich hätte weiter in der abgegriffenen *Bunten* geblättert und gehofft, dass mich der wütende Doktor übersieht und den Nächsten aufruft. Nicht aber so die folgende Patientin.

Roswitha war eine rüstige Mittachtzigerin, die mich regelmäßig in der Sprechstunde besuchte. Vor einigen Jahren war ihr Mann verstorben, und seitdem lebte Roswitha alleine mit ihrem blinden Mops-Dackel-Mischling.

»Sie sehen aber müde aus, Herr Doktor«, begann Roswitha das Gespräch.

Ich hasse es, wenn Patienten mich auf meine Befindlichkeit ansprechen. Meistens haben sie nämlich nicht recht. Nein, ich habe nicht abgenommen, ich bin sogar zwei Kilogramm schwerer. Nein, ich bin nicht blass, ich war das ganze Wochenende am See spazieren und habe richtig viel Sonne abbekommen. Nein, ich bin nicht müde, ich habe genügend geschlafen. Am meisten hasse ich es aber, wenn mich die Patienten durchschauen und mit ihren Aussagen recht haben. Und Roswitha durchschaute mich – jedes Mal.

»Ganz ehrlich, Roswitha«, seufzte ich, »Sie haben recht. Ich bin wirklich müde. Ich habe sehr schlecht geschlafen. Aber was kann ich denn heute für Sie tun?« Ich versuchte das Gespräch auf ein gesundes Arzt-Patienten-Verhältnis zurückzuführen.

»Schlaf ist wichtig, Herr Doktor.« Roswitha ließ sich nicht beirren.

»Ich weiß. Irgendwie bin ich heute Nacht aber nicht genügend dazugekommen. Was gibt's denn bei Ihnen Neues?«

»Wenn man nicht genügend schläft, funktioniert der Tag auch nicht richtig. Das habe ich meinem Werner auch immer gesagt. Gott hab ihn selig.«

Werner war nun schon seit fünfzehn Jahren tot, aber irgendwie war er, wenn Roswitha da war, immer als Geist bei uns im Sprechzimmer anwesend. Und wenn Roswitha über ihren Werner sprach, dann wurde es ein sehr langes Gespräch. Das sollte in der Regel kein Problem sein. Außer natürlich, das Wartezimmer war voll. Was es eigentlich immer war. Dieser Umstand beeindruckte Roswitha allerdings nicht im Geringsten.

»Werner war ein wunderbarer Mann …«, begann

sie. Jetzt hieß es, schnell zu handeln, ehe das Gespräch in einen langen Monolog mündete. Erfahrungsgemäß hatte ich zum Einlenken ungefähr zehn Sekunden Zeit. Wenn ich diesen richtigen Moment verpasste, war ich verloren.

»Roswitha, was fehlt Ihnen?«, versuchte ich ungelenk dazwischenzugrätschen. Ich wusste, es war nicht nett, die alte Dame in den Erinnerungen an ihren verstorbenen Mann zu bremsen. Aber andere Patienten wollten mich auch sehen. Also blieb mir keine andere Wahl. Außerdem war ich *wirklich* müde.

»Mein Werner fehlt mir, Herr Doktor. Wissen Sie, der sagte immer …«

Ich konnte nicht anders: »ROSWITHA!«, rief ich lauter, als es eigentlich meine Absicht gewesen war. »WAS KANN ICH FÜR SIE TUN?«

»Ich bin doch nicht schwerhörig, Herr Doktor.«

»Ich weiß. Aber, es tut mir leid, da draußen warten noch andere Patienten. Lassen Sie uns doch das nächste Mal über Werner reden. Heute geht es nur um Sie. Was kann ich für Sie Gutes tun?«

»Das hier«, sagte Roswitha leicht eingeschnappt und zeigte auf ihr linkes Handgelenk, das mit einem dicken Verband eingewickelt war.

»Haben Sie sich verletzt?«, fragte ich.

»Ich weiß nicht.«

»Sie müssen doch wissen, ob Sie sich verletzt haben.«

»Na, es tut schon weh.«

»Erzählen Sie mal«, ermunterte ich sie, während ich den Verband abnahm.

»Also, da war doch diese Schwellung an meinem Handgelenk. Diese Beule. Aua!«

»Entschuldigung«, sagte ich, während ich den Verband weiter abwickelte.

»Auf jeden Fall war da diese Beule. Und meine Nachbarin, die Elisabeth, die kennt Werner übrigens auch sehr gut. Wir waren miteinander befreundet.«

»Roswitha! Die Beule!«

»Ach ja. Also meine Nachbarin sagte, das sei ein Überbein, und sie würde es besprechen.«

> Ein Überbein (Ganglion), oder eine Synovialzyste, ist eine Aussackung einer Gelenkkapsel oder Sehnenscheide. Häufig ist eine Überlastung des betroffenen Gelenks die Ursache. Von außen erkennt man diese Zysten als prall-elastische Beulen in der Nähe des Gelenks, die innerhalb weniger Wochen entstehen. Meistens sind diese Schwellungen schmerzfrei. Therapeutisch ist es sinnvoll, das Gelenk ruhig zu stellen und zu entlasten. Der Arzt kann auch versuchen, durch Druck von außen die Zyste in das Gelenk oder das Ganglion durch eine Punktion zu entleeren. Allerdings treten dann die Synovialzysten häufig erneut auf. Eine Operation, die in der Regel in lokaler Betäubung durchgeführt werden kann, hat demnach langfristig die besseren Erfolgsaussichten.

»Wie bitte?«, fragte ich also erstaunt.

»Ja. Elisabeth kann das. Sie hat auch die Warze vom Werner besprochen. Und, was soll ich Ihnen sagen, die war dann weg. Werner schwor auf die Besprechungskünste von Elisabeth. Wissen Sie, eines Tages hatte Werner …«

»Aber vom Besprechen konnten Sie sich doch nicht verletzen«, unterbrach ich die ältere Dame.

»Natürlich nicht. Aber das Ding ging einfach nicht weg. Im Gegenteil. Es wurde immer größer. Also habe ich gegoogelt …«

»Was?«, fragte ich erstaunt.

»Na Überbein.«

»Nein, ich meine, Sie haben gegoogelt?«

»Natürlich. Ich will Sie doch nicht immer in der Sprechstunde stören, Herr Doktor.«

Viele meiner Patienten schlagen ihre Beschwerden im Internet nach. Und darüber bin ich nicht immer hocherfreut. Denn meistens steckt hinter der ergoogelten Beulenpest doch nur ein Pickel, und hinter dem Typhus eine simple Lebensmittelvergiftung. Überrascht hatte mich allerdings, dass die Mittachtzigerin im Internet surfte und ich so ganz nebenbei davon erfuhr.

»Ich wusste nicht, dass Sie das Internet benutzen, Roswitha.«

»Natürlich. Werner hätte das auch gefallen …«

»Und was hat Ihnen Doktor Google nun verraten?«

Roswitha hielt inne und schaute mich bedeutungsvoll an. Ich stoppte das Abwickeln des Verbandes. Es lag etwas Geheimnisvolles im Sprechzimmer, und meine Müdigkeit war wie weggeblasen. Roswitha guckte mir tief in die Augen und sagte leise: »Bibelschlag«.

»Bibelschlag?«, flüsterte ich genauso leise zurück.

»Ja.«

»Und das heißt?«, fragte ich.

»Na, was heißt das wohl, Herr Doktor?«

»Sie haben mit einer Bibel draufgeschlagen?«

»Richtig.«

Ich wusste nicht, was ich sagen sollte. Wer kommt denn bitte auf die Idee, auf eine Schwellung mit einer Bibel zu schlagen? Da war Besprechen sicherlich die sinnvollere und schmerzärmere Methode. Und nachdem ich schweigend den Verband bis zum Ende abgewickelt hatte, sah ich den Grund von Roswithas Schmerzen: Der gesamte Unterarm war blau. Ein riesiger Bluterguss.

»Ich habe mehr als einmal zugeschlagen«, sagte Roswitha erklärend.

»Das sehe ich. Aber wo ist das Überbein?« Ich konnte es weder ertasten noch sehen.

»Weg. Mit der Kraft Gottes! Sagt Google.«

Roswitha hatte tatsächlich mit der Wucht des Schlages durch das dicke Buch das Ganglion zertrümmert.

»Ich verbinde das mal neu. Und dann müssen Sie abwarten, bis der Bluterguss abgeklungen ist. Das dauert etwas. Soll ich Ihnen was gegen die Schmerzen aufschreiben?«

»Nein danke, Herr Doktor. Der Herr hat's gegeben, der Herr hat's genommen. Und die Schmerzen wird er auch nehmen.«

»In Ordnung.«

»Wissen Sie, Herr Doktor«, fuhr Roswitha fort. »Ich bereue eigentlich nur zwei Dinge in meinem Leben.«

»Aha.«

»Erstens, dass ich Sie nicht früher getroffen habe.«

Das machte mich stolz. Ich war also doch ein guter Hausarzt. Aber das Lächeln, das Roswitha mir nun schenkte, hätte mich gleich stutzig machen sollen. Sie legte den Kopf leicht schief und lächelte mich an. Diesen Blick hatte mir zuletzt ein Mädchen in meiner

Schulzeit zugeworfen. Aber dieses Mädchen war sechzehn und trug eine Zahnspange. Nicht irgendeine Spange – sondern so eine, bei der der Mundteil von einem monströsen Gestell am Kopf festgehalten wurde. Und wahrscheinlich musste sie den Kopf damals schräg halten, weil das Gestell an ihrem Gesicht zog. Und wahrscheinlich musste sie lächeln, weil sie den Mund sowieso nicht mehr zubekam, mit dem ganzen Metall an den Zähnen. Aber ich kannte diesen Blick, und er bedeutete nichts Gutes. Beim Spangen-Mädchen damals nicht, und auch heute bei Roswitha nicht. Damals konnte ich nicht Nein sagen und war ein halbes Jahr mit der Super-Spange zusammen – zur Schadenfreude meiner Klassenkameraden. Aber warum legte Roswitha nun den Kopf so schief?

»Und zweitens«, fuhr sie fort, »dass ich nicht vierzig Jahre jünger bin.«

Welch eine unerwartete Wendung des Therapieverlaufes. Welch seltsame Entwicklung in der Arzt-Patienten-Beziehung. Und weiterhin schwebte der Geist von Werner im Sprechzimmer, und ich bekam plötzlich ein schlechtes Gewissen.

»Roswitha, selbst wenn Sie vierzig Jahre jünger wären …«, begann ich.

»Wäre ich Ihnen noch zu alt?«, fragte sie entsetzt.

»Roswitha. Sie sind meine Patientin. Das geht nicht. Ich mag Sie gerne, aber …«

Roswitha schaute mich verständnislos an.

»Werner hätte das nicht gewollt«, fügte ich erklärend hinzu.

»Meinen Sie?«

»Ja.«

»Vielleicht haben Sie recht.«

Wir saßen uns schweigend gegenüber, während ich den neuen Verband anlegte. Ich hatte das Gefühl, dass Werner uns dabei zusah und mir wohlwollend zuzwinkerte.

11

Notdienst, ich komme

Notdienst ist nicht die angenehmste Freizeitbeschäftigung, aber in Anbetracht der Tatsache, dass Joanna mich rausgeworfen hatte, stand an diesem Abend sowieso nichts Besseres auf dem Plan. So weit war es also schon, dass ich mich am Ende der Sprechzeit auf einige Stunden mit Berti, dem Notdienstfahrer, freute.

»Sie hat dich rausgeschmissen?«, fragte Berti interessiert auf dem Weg zu unserem ersten Patienten.

»Nicht wirklich rausgeschmissen«, verteidigte ich mich. »Ich schlafe nur ein paar Nächte in der Praxis.«

»Also rausgeschmissen. Was hast du denn Schlimmes gemacht?«

»Eigentlich gar nichts. Ich habe ihr nur nichts von meinen Plänen erzählt, ins Gesundheitszentrum Doktor Bach zu wechseln.«

»Zu Bach?«, fragte Berti erstaunt und trat auf die Bremse. »Zu *dem* Doktor Bach?«

»Fahr weiter, Berti, wir müssen zum Patienten. Kennst du Martin Bach?«

»Nicht persönlich. Aber ich habe von Patienten über ihn gehört. Nichts Gutes. Was willst du denn in seinem Zentrum?«

»Ich soll da als Hausarzt arbeiten.«

»Wie bitte? Du hast doch deine eigene Praxis.«

»Ja, aber die werde ich aufgeben. Ich glaube nicht, dass ich neben dem großen Gesundheitspark bestehen kann.«

»Warum denn nicht?«

»Patienten wollen heute alle Fachrichtungen unter einem Dach.«

»Das ist doch Quatsch, Doc. Patienten wollen ihren Hausarzt, egal, wie viele Dächer der hat.«

»Meinst du? Ich bin mit meiner Entscheidung auch nicht glücklich. Ich liebe meine kleine Praxis.«

»Na siehst du.«

Wir bogen mit dem Wagen in die Einfahrt eines großen Einfamilienhauses. »Hier sind wir, Doc«, sagte Berti und schaltete den Motor aus. »Herr Kristian Seiler. 32 Jahre. Bauchschmerzen. Ich komme mit.«

Natürlich kam Berti mit. Er kam immer mit, das war doch schließlich der wahre Grund, warum er den Job als Notdienstfahrer angenommen hatte.

»Du würdest auch nicht zu Doktor Bach gehen, an meiner Stelle, oder?«, fragte ich ihn, während wir die breite Einfahrt zur Eingangstür raufgingen.

»Mein lieber Schwan, der wohnt aber nobel hier!« Berti antwortet nicht auf meine Frage. Aber die Antwort war mir sowieso klar. »Schau mal, Doc. Der hat gar keine Klingel, sondern einen Ring zum Klopfen.«

In der Tat war an der großen zweiflügeligen Eingangstür kein Klingelknopf. Aber an dem rechten Türflügel befand sich ein gusseiserner Ring, mit dem man an der Tür klopfen konnte. Berti hob den Ring an. Im Inneren des Hauses ertönte ein lauter, dreistimmiger Gong.

»Wow. Das ist doch ne Klingel!«, staunte Berti.

Es dauerte keine zehn Sekunden, da öffnete sich die Tür, und ein schmächtiger Mann erschien im Morgenmantel.

»Guten Abend.«

»Guten Tag, der Doktor ist da«, antwortete Berti und stand schon im Flur des Hauses.

»Hallo. Ich bin Kristian Seiler.«

»Guten Tag, Herr Seiler«, antwortete ich. Doch ehe ich fortfahren konnte, übernahm Berti schon wieder das Gespräch.

»Können wir vielleicht irgendwo hingehen, wo der Doktor Sie untersuchen kann? Das ist hier im Flur ja nicht so ideal, oder?«

»Äh, in Ordnung. Dann kommen Sie mal mit.« Herr Seiler war sichtlich von Bertis forscher Art überrascht.

Der Eingangsbereich des Hauses war mindestens dreimal so groß wie das Wartezimmer meiner Praxis. In der Mitte des Raumes befand sich eine breite Treppe, die auf eine Galerie führte. An den Wänden hingen meterhohe Bilder mit moderner Kunst.

»Das ist ja irre, wie Sie hier wohnen«, sagte Berti.

»Mir gefällt es auch«, antwortete Herr Seiler.

»Was machen Sie denn beruflich, um sich so etwas leisten zu können?«

»Berti!«, unterbrach ich ihn.

»Wieso denn, Doc? Interessiert dich das nicht?«

»Nein. Solange es die Gesundheit von Herr Seiler nicht beeinträchtigt«, log ich.

»Lassen Sie mal, Herr Doktor. Ist schon in Ordnung.« Kristian Seiler lächelte. »Ich bin Verkäufer.«

»Echt? Und davon kann man sich das hier leisten?« Berti machte eine ausladende Handbewegung und zeigte auf die Kunst, die Treppe und den Marmorboden.

»Es kommt darauf an, was man verkauft«, lachte Herr Seiler. »Ich zum Beispiel verkaufe Rechte.«

Man konnte das Fragezeichen über Bertis Kopf förmlich sehen.

»Ich verkaufe Rechte an Firmen, bestimmte Waren zu produzieren«, erklärte Herr Seiler, als wir in den Wohnbereich des Hauses traten.

»Ach so.« Das Fragezeichen über Bertis Kopf war immer noch da.

»Stellen Sie sich vor, ein Freund von Ihnen hat eine lustige Zeichnung eines Affen gemacht und zeigt die Ihnen. Sie finden den Affen toll und fragen ihn, ob sie ihm das Recht abkaufen können, diesen Affen auch zu malen. Dafür geben Sie ihm etwas Geld. Und dann gehen Sie mit der Zeichnung zu einem Spielzeughersteller. Wenn der den Affen auch süß findet, dann verkaufen Sie ihm das Recht, aus dem Affen Stofftiere zu machen. Und dafür muss der Spielzeughersteller Ihnen dann Geld geben. Viel Geld.«

»Aber ich hab ja noch keinen einzigen Affen gemalt.«

»Brauchen Sie auch nicht. Ihnen gehört trotzdem das Recht an dem Affen.«

»Verrückt!« Berti lächelte. Ich sah ihm an, dass er gerade einen Plan ausheckte.

»Herr Doktor«, fuhr Kristian Seiler fort. »Könnten wir beide vielleicht unter vier Augen ...«

»Aber sicher doch. Berti, könntest du bitte draußen warten?«

»Oder Sie nehmen kurz im Essbereich Platz?«, bot Herr Seiler an.

Normalerweise wäre Berti höchst beleidigt gewesen. Aber in seinem Kopf schien es zu arbeiten. Er lächelte verträumt, ging in Richtung Esszimmer und sagte: »Aber sicher doch.«

»Es ist mir ein bisschen peinlich, Herr Doktor.«

»Das muss es Ihnen nicht sein. Ich bin Arzt. Sie können mir alles sagen.«

»Ich habe da so ein Problem mit …« Kristian Seiler schaute nach unten.

»Tut es da weh?«

»Nein, überhaupt nicht.«

»Brennt es beim Wasserlassen?«

»Nein.«

»Ausschlag? Juckreiz? Blutung?«

»Nein, nein, nein.«

Es ist immer einfacher gewesen, wenn die Patienten ihre Beschwerden äußern. Ich beschloss, lieber offene Fragen zu stellen.

»Was ist es denn?«

»Sehen Sie, Herr Doktor. Ich bin ein erfolgreicher Mann. Aber da unten, da klappt es nicht immer.« Er schaute verschämt zu Boden.

Normalerweise hätte ich Herrn Seiler nun über die Bedeutung des Begriffes »Notdienst« aufgeklärt. Bauchschmerzen, Husten, Fieber, Rückenschmerzen und vielleicht auch ein Durchfall außerhalb der Sprechzeit lasse ich ja als Notfall durchgehen. Aber eine Potenzstörung gehört sicherlich nicht dazu. Was sollte ich auch akut tun? Eingipsen? Aber irgendwie tat mir Herr Seiler leid.

»Das kann normal sein, wenn Sie Stress haben. Sexualität braucht Ruhe und Muse. Und wenn Sie gestresst durch das Leben hetzen, dann kann es schon mal sein, dass er nicht so will wie Sie.« Bei den letzten Worten zeigte ich auf seinen Schritt. »Geht es denn gar nicht mehr?«

»Verstehen Sie mich nicht falsch, Herr Doktor. Ich kann schon. Aber – nicht lange genug.«

»Ach so.«

Da musste ich meine Differentialdiagnose von Erektiler Dysfunktion wohl in *Ejaculatio praecox* korrigieren.

»Wie lange können Sie denn?«

Wenn diese Frage am Stammtisch gestellt wird, ist sie entweder unverschämt oder eine Eröffnungsfrage für männliche Prahlerei. Innerhalb der ärztlichen Beratung hat sie allerdings eine ganz andere Bedeutung. Denn nicht immer ist kurz wirklich kurz. Und das galt es nun herauszufinden.

»Vielleicht – zehn Sekunden.«

Okay, das war wirklich kurz.

»Ich würde ja zu Ihnen in die Sprechstunde kommen, aber meine Freundin kommt heute Abend noch zu Besuch. Sie verstehen – wir haben erst einmal miteinander. Und das war halt – sagen wir mal: kräftig Niesen dauert länger. Wenn das heute noch einmal passiert, dann hilft mir auch mein ganzes Geld nicht weiter.« Herr Seiler blickte betroffen zu Boden.

»Haben Sie schon einmal versucht, zu zählen?«

»Herr Doktor, ich habe auch Zugang zum Internet. Ich habe alles versucht, was da steht. Vorwärts zählen, rückwärts zählen, in Siebenerschritten zählen, nur die Primzahlen, an Holz denken, an meine Oma denken. Es geht nicht. Das Problem habe ich schon seit Jahren. Nur früher war es mir halt egal. Mein Motto war immer: Einem erfolgreichen Mann ist es egal, wann er kommt, Hauptsache, er kommt. Aber mit Sabine ist es anders. Ich will, dass sie auch Spaß hat.« Seiler schaute an mir vorbei. »Ich glaube ich bin wirklich verliebt.«

»Wenn Sabine Sie auch liebt, dann …«

»Alles Quatsch!«, unterbrach er mich. »Keine Frau lässt sich auf Dauer zehn Sekunden gefallen. Ich habe im Internet gelesen, man kann Antidepressiva nehmen. Die sollen helfen. Können Sie mir nicht welche geben?«

In der Tat können bestimmte Psychopharmaka den Orgasmus hinauszögern. Aber mir fiel etwas Besseres ein.

»Warten Sie mal eine Minute«, sagte ich.

»Wenn ich das könnte, hätte ich Sie nicht gerufen«, lächelte Herr Seiler.

»Berti!«, rief ich hinüber zum Essbereich. »Kannst Du bitte mal den Kinder-Koffer holen?«

»Geht klar, Doc!«, rief Berti.

Herr Seiler sah mich verständnislos und ein bisschen angewidert an.

»Der Kinder-Koffer«, erklärte ich, »enthält alles, was ich im Notdienst für die Behandlung von Kindern benötige.«

Diese Erklärung führte bei Herrn Seiler sichtlich nicht zu mehr Vertrauen in meine Heilkunst. Aber ich hatte einen Plan.

»Herr Seiler, haben Sie ein Kondom?«

Mein Patient sah mich an, als hätte ich ihn gerade

nach dem Weg nach Timbuktu gefragt und dabei einen Stepptanz aufgeführt. Aber als Mann von Welt sagte er einfach: »Natürlich. Soll ich es holen?«

»Ja bitte.«

Während Berti unterwegs war und Herr Seiler ein Kondom aus dem Schlafzimmer holte, dachte ich seltsamerweise an Roswitha. Ob sie auch diese Probleme mit ihrem Werner gehabt hatte? Zu ihrer Zeit?

Berti stellte den Kinder-Koffer auf den Tisch. »Kann ich helfen, Doc?«

»Nein danke, geht schon. Kannst du dich noch mal ins Esszimmer zurückziehen?«

»Klar.«

So kannte ich Berti gar nicht.

»Hier sind die Kondome, Doktor. Und jetzt?« Herr Seiler legte eine Packung bunter Gummis auf den Tisch.

Ich öffnete den Kinder-Koffer und holte eine Tube mit Salbe heraus.

»Schauen Sie mal. Das hier ist eine Creme, die benutze ich, wenn ich kleinen Kindern Blut abnehme. Wenn man sie auf die Haut schmiert, dann betäubt sie die Stelle. Dann kann ich Blut abnehmen, ohne dass es wehtut.«

Herr Seiler schaute mich fragend an. »Und?«

»Wenn Sie sich diese Creme nun da unten auftragen, dann vermindert es auch bei Ihnen das Gefühl. Aber ziehen Sie ein Kondom über, sonst wird auch die Frau taub.«

Herr Seiler lächelte. »Verstehe. Aber dann fühle ich doch gar nichts mehr. Auch doof, oder?«

»Nein, so stark wirkt das nicht. Sie sind nur nicht mehr so überreizt. Spaß sollte es trotzdem noch machen. Und nach einiger Zeit klappt's dann auch ohne Creme. Sie werden sehen.«

Herr Seiler sah mich skeptisch an.

»Das habe nicht ich mir ausgedacht, Herr Seiler. Das haben britische Wissenschaftler herausgefunden. Da gibt es sogar eine Studie darüber.«

»Wer macht denn in so einer Studie mit?«

»Mehr Menschen, als Sie denken. Das ist gar kein so seltenes Problem.«

Kristian Seiler wirkte beruhigt und nahm die Salbe wie einen Schatz an sich. »Danke«, sagte er ehrlich erleichtert. »Wenn ich mal etwas für Sie tun kann, lassen Sie es mich wissen.«

»Wenn ich mal einen Affen gemalt habe, komme ich darauf zurück«, sagte ich und lächelte.

»Entschuldige, Berti, dass du im Esszimmer warten musstest.«

Wir saßen wieder im Wagen auf dem Weg zu unserem nächsten Patienten. Aber Berti hatte noch immer sein verträumtes Lächeln im Gesicht.

»Das macht gar nichts, Doc.«

»Berti. Du heckst doch was aus, oder?«

»Ich hab da so eine Idee. Mit dem Rechteverkaufen und so. Ich will ja nicht immer Fahrer bleiben.«

»Willst du gar nicht wissen, warum du draußen warten musstest?«

»Nö.«

Bertis Idee musste grandios sein. Sonst hätte er niemals auf eine interessante medizinische Geschichte verzichtet. Und die Geschichte von Herrn Seiler hätte ihm sicher gefallen.

Und so fuhren wir durch das abendliche Berlin,

jeder von uns in seine eigenen Gedanken versunken. Berti dachte an unermesslichen Reichtum als Rechteverkäufer. Und ich dachte an Joanna und Martin Bach. An die beiden großen Probleme in meinem Leben. Ich musste etwas tun. Als Erstes würde ich versuchen, mich mit Joanna wieder zu vertragen. Und gemeinsam würden wir dann das Doktor-Bach-Problem beseitigen. Es hatte keinen Sinn, das alles weiter vor mir herzutragen. Es tat zu sehr weh. Und für die Seele gibt es leider noch keine Betäubungscreme.

12

Pool-Nudel

Größere Probleme löst man besser nicht in einer Badehose. Aber das war für mich die einzige Möglichkeit, schnell an Joanna heranzukommen. Denn heute war Baby-Schwimmtag. Und das würde Joanna niemals versäumen. Selbst wenn ich vor ihren Augen wild knutschend mit Dana durchbrennen würde, während ich mit beiden Händen von unseren gemeinsamen Ersparnissen meiner Geliebten Pelzmäntel und Hüte kaufen würde – Joanna würde zum Baby-Schwimmen gehen. Also lag die Lösung meines ersten Problems im 33 Grad warmen Wasser. Und dafür brauchte ich nun mal eine Badehose.

Da ich zu diesem Zeitpunkt nicht uneingeschränkten Zugriff auf den gemeinsamen Kleiderschrank und damit auf meine Sammlung Bermudashorts hatte, kaufte ich mir schnell beim benachbarten Textil-Discounter eine Schwimmhose in modischem Weiß. Bester Dinge fuhr ich auf meinem Fahrrad zum Stadtbad und freute mich auf die Versöhnung mit meiner Frau.

Ich war recht erstaunt, wie gut mir die neue Badehose passte. So viel hatte ich anscheinend doch nicht zugenommen. Im Gegenteil. Die enge Hose sah recht knackig an mir aus. Ich stopfte meine Straßenkleidung in den Schrank der Sammelumkleide und schritt Richtung Schwimmhalle. Wenn ich ein bisschen den Bauch einzog, konnte man sogar glauben, ich sei schlank. Oder zumindest nicht dick.

Das Babyschwimmen hatte schon begonnen, und mein Eintreten sorgte für verärgerte Blicke der schwimmenden Mütter, während die dazugehörigen Babys trotz meiner Verspätung doch recht entspannt blieben.

»Wer nicht pünktlich kommt, muss draußen bleiben!«, rief mir eine Mutter zu, deren Schwangerschafts-Akne noch nicht ganz abgeheilt war.

»Entschuldigung!«, rief ich zurück. »Ich habe es nicht eher geschafft.«

»Das ist hier ein privates Baby-Schwimmen«, rief eine andere Mutter mit einer seltsamen rosafarbenen Badekappe. Wie ein glatzköpfiges Schweinchen, dachte ich. Obwohl, Schweine haben ja eigentlich immer eine Glatze. »Wir finden es nicht gut, wenn hier jeder reinkommt!«

»Ich bin nicht jeder«, entgegnete ich. »Ich bin der Papa von Lilli.«

»Das war ja irgendwie klar«, sagte die Pickel-Mutter und verdrehte die Augen. »Joanna, Lillis Erzeuger ist hier.«

Während ich weiterhin versuchte, mit eingezogenem Bauch Haltung und Ehre zu wahren, fiel mir auf, dass ich der einzige Mann im Raum war. Andere Väter fanden es anscheinend nicht so wichtig, mit ihren Nichtschwimmer-Babys schwimmen zu gehen. Gut, andere Väter mussten sich auch nicht mit ihren Frauen versöhnen. Aber vielleicht konnte ich mit der Besorgter-Vater-Nummer punkten.

»Ich bin der Papa und nicht nur der Erzeuger«, entgegnete ich gespielt empört. »Außerdem will ich wissen, wie sich mein Schatz so macht, beim Schwimmenlernen.«

»Die Kinder lernen hier nicht schwimmen!«, rief die Glatzen-Mutti. »Es geht um Bewegung, Erfahrung des eigenen Körpers und Nähe zur …« Sie pausierte kurz, ehe sie das nächste Wort besonders langsam und deutlich aussprach: »Mutter!«

»Jetzt komm schon ins Wasser«, zischte Joanna. »Und hör auf, den Bauch einzuziehen. Das sieht dämlich aus.«

Das Wasser war wirklich warm. Als ich mich hineingleiten ließ, fing ich sofort an zu schwitzen. Ich machte ein paar Kraulzüge hin zu meiner Frau. Zum Entsetzen der anderen Mütter, die ihre Kinder an sich drückten.

»Hey! Mach nicht so viele Wellen! Spinnst du?«

»Wie geht es dir, Joanna?«, fragte ich, nachdem ich das Wasser ausspuckte, das mir in den Mund geraten war. Die Vorstellung, dass hier bestimmt zehn Babys ohne Windeln im Wasser waren, ließ mich würgen.

»Kannst du dich nicht einmal benehmen? Und was ist das überhaupt für eine lächerliche Badehose?«

»Vom Textil-Discounter. Ich konnte ja nicht nach Hause, um mir meine Shorts zu holen.«

»Warum denn nicht?«

»Na, du hast mich doch rausgeworfen.«

»Und trotzdem kommst du hier zum Baby-Schwimmen?«

Inzwischen hatten sich alle Mütter an einer Seite

des Beckens versammelt. Und auch Joanna hüpfte in Richtung Beckenrand. Ich hüpfte ihr hinterher.

»Ich wollte dich und Lilli sehen. Ich habe euch vermisst.«

»Wir dich nicht.«

Als ob sie die Aussage von Joanna unterstützen wollte, würdigte mich Lilli keines Blickes. Mein Baby war genug damit beschäftigt, die Augen zusammenzukneifen, damit ihr kein Wasser hineinspritzte.

Nachdem sich nun alle Mütter, und ich, am Beckenrand versammelt hatten, rief die Bademeisterin, Schwimmtrainerin, Baby-Flüsterin oder wie immer man sie nennt, die Worte: »Und wie kommen wir nun zur anderen Seite hinüber?«

Diese Frage erschien mir recht unangemessen, hatten wir uns doch gerade erst alle am Rand versammelt. Und selbst wenn wir auf die andere Seite des Beckens *wollten*, mussten wir unweigerlich schwimmen.

Also rief ich: »Schwimmen!«, während alle anderen Mütter gleichzeitig »Mit dem Flugzeug!« riefen.

Noch ehe ich Luft holen konnte, stemmten die Mütter ihre Kinder aus dem Wasser heraus und rannten los. Sie ließen die Babys über die Wellen gleiten, während das Wasser unter ihren Schritten so aufgewühlt wurde wie die 90-Grad-Wäsche kurz vor dem Schleudergang.

Ich rannte hinterher.

Obwohl ich kein Baby getragen hatte, war ich der Letzte, der drüben ankam.

»Joanna …«, begann ich außer Atem. Da rief die Trainerin erneut: »Und wie kommen wir nun zur anderen Seite hinüber?«

»Mit dem Boot!«, riefen alle Mütter. Und los ging es

in die andere Richtung. Diesmal durften die Kinder im Wasser bleiben und wurden in kurvigen Bewegungen Richtung Ufer geschoben.

»Mit dem Pferd!« wurde gehüpft.

»Zu Fuß!« wurde gewackelt.

»Auf dem Arm!« wurde gekuschelt.

Ich war außer Atem und konnte nicht mehr. Es gibt wenige Dinge auf der Welt, die sinnloser sind als Baby-Schwimmen ohne Baby. Ich hatte nicht nur das Gefühl zu stören, ich störte wirklich. Wie um eine Boje versuchten die Mütter um mich eine Kurve zu machen. Und traten mir dabei mehr als einmal unschön in den Bauch. Es hatte keinen Sinn. Hier würde ich mich nicht mit Joanna versöhnen.

Irgendwie hatte ich mir die Situation auch romantischer vorgestellt. Mit Joanna Arm in Arm, unsere gemeinsame Tochter in unserer Mitte, im warmen Wasser, sanft schaukelnd, ein zärtlicher Kuss und die Worte »Ich verzeihe dir«.

Stattdessen ging es nun über zum Baby-Tauchen.

Wenn die Kleinen schon nicht schwimmen konnten, dann sollten sie zumindest tauchen. Denn, so erklärte uns die Bademeisterin, Babys hätten einen angeborenen Tauchreflex. Sie halten automatisch die Luft an, wenn man sie unter Wasser drückt. Wofür das außer zur Belustigung der Mütter nun sinnvoll sein sollte, verschwieg sie uns.

Alle kamen dran. Der Reihe nach. Eine Mutter nach der anderen drückte ihr Baby unter Wasser. Was am Anfang noch beeindruckend war und zu ehrfürchtigem Applaus der anderen Mütter führte, artete mit der Zeit zu einer Art Volksfest im Wasser aus. Wie Quietsche-Entchen, die man in der Badewanne unter Wasser hält und loslässt, schnellten die Babys zurück an die Wasseroberfläche und taten, was jeder Mensch mit klarem Verstand getan hätte: Sie schrien. Das hielt die Mütter allerdings nicht davon ab, ihre Stammhalter immer und immer wieder unterzutauchen. Ich stand fassungslos daneben.

»Ist das wirklich richtig so?«, fragte ich die Trainerin.

»Na klar! Das ist ein wichtiger Teil der Wassergewöhnung! Kinder, die tauchen können, haben keine Angst vor dem Wasser!« Sie musste die Worte laut rufen, sonst hätte ich sie wegen der schreienden Babys nicht verstehen können.

»Und so verliert man tatsächlich die Angst vor dem Wasser?«, schrie ich zurück.

»Ja! So kriegen die Kinder keine Panik, wenn sie mal Wasser ins Gesicht bekommen!«, rief die Trainerin.

»Dann wurden die Geräte ins Wasser geholt: Schwimmbretter, Bälle und Pool-Nudeln – längliche Schaum-Stangen, die nicht untergehen, wenn man sie ins Wasser wirft.

Jede Mutter schnappte sich ein Teil und begann, ihr Baby damit zu bespaßen. Die Mütter mit den Pool-Nudeln banden sie den Babys um und schubsten sie vor sich im Wasser her. »Du kannst ja schwimmen!«, riefen sie.

Die Mütter mit den Bällen tauchten diese unter und ließen sie lustig wieder hochschnellen. »Blup!«, riefen sie.

Und die Mütter mit den Schwimmbrettern benutzten sie wie ein Floß und ließen ihre Kinder darauf sitzen. »Platsch!«, riefen sie, während sie die erstaunten Babys mit Wasser nass spritzten.

Joanna hatte sich für eine Pool-Nudel entschieden. Und während sie die rosa Schlange um Lilli knotete, sagte sie: »Dann erzähl mal. Warum bist du eigentlich gekommen?«

»Weil ich mich entschuldigen möchte.«

»Ach. Und wofür möchtest du dich entschuldigen?«

Ja, wofür wollte ich mich eigentlich entschuldigen? Für Danas Angriff auf unsere Ehe? Oder für meine Entscheidung, meine Praxis aufzugeben und bei Martin Bach anzufangen? Worüber hatte sich Joanna mehr geärgert?

»Für Dana.«

Joanna hörte mit dem Knoten auf. »Für Dana? Was ist mit Dana?«

»Na, weil die mit mir geflirtet hat.«

»Na und? Mit mir flirten ständig Männer. Ist doch nicht schlimm. Solange ich nicht zurückflirte.«

»Aber du bist doch vom Baby-Yoga weggerannt.«

»Aber doch nicht wegen Dana. Ich bin gegangen, weil du mich belogen hast. Du hattest gesagt, dir würde Baby-Yoga auch Spaß machen. Und dann erfahre ich so ganz nebenbei, dass du es echt ätzend fandest.«

»Oh.« Ich hatte die ganze Zeit ein schlechtes Gewissen gehabt, weil ich glaubte, Joanna sei auf Dana eifersüchtig. »Und ich möchte mich entschuldigen, dass ich in das Zentrum von Martin Bach wechseln möchte«, versuchte ich erneut.

»Na und? Kannst du doch, wenn du das möchtest.«

»Aber, du hast mich doch deswegen rausgeschmissen!«

»Ich habe dich an dem Abend rausgeschmissen, weil

du mir nicht die Wahrheit gesagt hast. Du hast mir eine für uns beide wichtige Entscheidung verschwiegen. Das macht man nicht in einer Ehe!«

Joanna hatte recht. Ich hätte ihr von Anfang an alles erzählen sollen.

»Du hast recht«, sagte ich zärtlich.

»Und?«, fragte Joanna lächelnd nach einer kurzen Pause. »Wie findest du nun Baby-Schwimmen?«

»Gut.«

Eine Ohrfeige mit einer nassen Hand tut irgendwie mehr weh als ein Schlag mit der trockenen Faust.

»Du lernst es nie, oder?«, schrie mich Joanna an. »Warum lügst du denn schon wieder? Baby-Schwimmen hat dir überhaupt nicht gefallen!«

»Warum denn nicht?«, wollte die Trainerin plötzlich wissen.

»Typisch Mann!«, rief die Akne-Mutter.

»Es ist wohl am besten, wenn du jetzt gehst«, sagte die Schweine-Glatzen-Mutter.

»Ja«, sagte Joanna, und ich wusste nicht, ob es das Schwimmbadwasser oder eine Träne war, da auf ihrer Wange.

Als ich das Schwimmbecken verließ, wurde mir plötzlich klar, warum die weiße Badehose so verdammt billig gewesen war. Nach dem Kontakt mit dem Wasser war sie komplett durchsichtig geworden. Es tut weh, wenn neun Mütter auf einmal laut lachen. Aber noch mehr tut es weh, wenn die eigene Frau ihren Tauchreflex ausprobiert, um den peinlichen Abgang ihres Mannes nicht sehen zu müssen.

Der Urologe

Die Urologie zählt zu den sogenannten kleinen chirurgischen Fächern. Aber wenn ein Urologe zu einem Mann sagen würde: »Ich bin für Ihre Kleinteile zuständig«, würden nur wenige Patienten zu ihm in die Praxis kommen. Urologen kümmern sich um all die Erkrankungen, über die man nicht so gerne spricht. Oder über die man nur spricht, wenn man zuvor einige Bier, Cognac und ein paar Kurze getrunken hat. Und vielleicht geben sich die Urologen deswegen auch lieber wie richtige Chirurgen. Auch wenn der durchschnittliche niedergelassene Männerarzt das Messer nur noch morgens zum Butterschmieren in die Hand nimmt, sind im Krankenhaus tätige Urologen tatsächlich den größten Teil des Tages im Operationssaal. Oder sie überwachen die lustigen Funktionsuntersuchungen ihrer Patienten.

Eine Untersuchung besteht zum Beispiel in der Harnstrahlmessung. Hierbei wird der Harnausfluss während der Miktion gemessen. Auf Deutsch: Der Patient pinkelt durch einen Trichter. Auch wenn es vielen Patienten schwerfällt, auf Kommando und unter Kontrolle des Facharztes durch einen Trichter zu urinieren, in dem vollen Bewusstsein, dass der Erfolg der Blasenentleerung minutiös aufgezeichnet wird, gelingt der Test meist problemlos.

Schwieriger ist da schon die Vorbereitung des Patienten. Denn zur Messung benötigt man eine volle Harnblase. Das wäre kein Problem, wenn man diese dann zeitnah entleeren könnte. Allerdings kann es auf urologischen Stationen schon einmal vorkommen, dass viele Patienten gleichzeitig durch den Trichter urinieren möchten oder müssen – und das funktioniert natürlich nicht. Also können sich recht beachtliche Schlangen vor dem begehrten Ort bilden. Aufgrund der gefüllten Blase ist ein lockeres Gespräch bei entspanntem Warten dann allerdings meistens nicht möglich.

Den Urologen vom Dienst rührt so ein Schicksal allerdings keineswegs, er ist Schlimmeres gewöhnt. Und eine gewisse Abgestumpftheit gehört zum Berufsbild des Urologen. Anders ist es nicht zu erklären, weshalb die wichtigste urologische Untersuchung im Dunkeln des Enddarms stattfindet. Digitale rektale Untersuchung heißt sie und hat mit unserem digitalen Zeitalter rein gar nichts zu tun. Digitus ist das lateinische Wort für Finger. Und genau dieser wird in das Rektum, also den Enddarm gesteckt. Dass der Urologe im Darm eigentlich gar nichts zu suchen hat, er nur den Zugang zur Prostata sucht, ist dem Patienten in diesem Moment meistens ziemlich egal.

So mancher Patient, der nach dieser Untersuchung vom Urologen erfährt, dass seine Prostata vergrößert ist und man sie gerne kleiner schleifen würde, fragt sich berechtigterweise, wie ein großes Schleifgerät durch den kleinen Darm kommen soll. Falsch gedacht! Denn zum Abschleifen der Prostata wird nicht der Darm als Eingang benutzt, sondern ein viel engerer Zugangsweg: die Harnröhre. Und auch hier ist der Urologe nicht zimperlich. Wer denken mag, dass die moderne Medizin sanfte und flexible Schläuche zur Verfügung hat, um durch die Harnröhre in Richtung Prostata zu gelangen, wird schnell eines Besseren belehrt: Die Geräte sind starr. Flexibel sind die Instrumente, mit denen man durch die Harnröhre, dann durch die Harnblase, dann durch den Harnleiter in Richtung Niere gelangt. Aber was können die Urologen dafür, dass alle Eingänge zu den Organen ihres Fachgebiets so klein und eng sind?

Zu ihrem Fachgebiet gehört zum Beispiel auch die Erektile Dysfunktion, also die Problematik des nicht mehr ganz so steifen männlichen Gliedes. Und was es da für urologische Behandlungsmethoden gibt! Von in den Penis einzubauenden Pumpen und Spritzen direkt in die Schwellkörper bis hin zu den modernen Pillen. Die reinste medizinische Freude im Dienste der männlichen Freude!

Es bleibt für mich allerdings ein Rätsel, warum so wenige Frauen Urologinnen werden. Immerhin gibt es schließlich auch viele männliche Frauenärzte. Aber wahrscheinlich haben wir Männer doch mehr Probleme damit, unsere Geschlechtsteile vor Ärztinnen zu entblößen. Oder Frauen haben doch nicht so viel Interesse am männlichen Unterbau …

13

Herzenssachen

»Aha, das ist ja interessant.« Christine verdrehte die Augen und schaute mich hilfesuchend an.

»Ich kann Ihnen das gerne mal bei einem Glas Wein genauer erklären.« Herr Oberstein lächelte meine Helferin an.

Wenn ein gut gekleideter Mann mit Ledertasche in meine Praxis kommt und trotz längerer Wartezeit noch immer nett lächelt, ist es mit an Sicherheit grenzender Wahrscheinlichkeit ein Pharmareferent.

Die Verkäufer der pharmakologischen Wunder des neuen Jahrtausends besuchten die Ärzte im letzten Jahrtausend durchaus häufiger. Aber die Rabattverträge der Krankenkassen mit den Medikamentenherstellern haben die Wahlfreiheit der Verordnungen durch die Ärzte massiv eingeschränkt. Infolgedessen sind die niedergelassenen Ärzte nicht mehr Zielgruppe Nummer eins der Pharmaindustrie. Daher sind Pharmareferenten inzwischen seltene Gäste in meiner Praxis geworden. Und auch die Menge an Kugelschreibern,

Briefbeschwerern und bunten Werbebroschüren auf meinem Tisch hat in letzter Zeit deutlich abgenommen.

Aber dieser eine Pharmareferent, Herr Oberstein, kam regelmäßig zu uns. Und ich war mir nicht sicher, ob ihn wirklich immer nur die Präsentation seiner Medikamente zu uns führte.

»Oder vielleicht auch bei einem Abendessen? Zu zweit?« Herr Oberstein grinste, und sein Blick hatte etwas Verträumtes, als er Christine einen Kugelschreiber rüberschob.

»Hallo, Herr Oberstein«, sagte ich. Der Pharmavertreter zuckte zusammen. Er hatte mich nicht kommen hören.

»Hallo, Herr Doktor«, stotterte er.

»Was gibt es denn Neues?«, fragte ich ihn.

»Ich wollte mit … Christine …«

»Ich aber nicht«, sagte Christine ein wenig trotzig.

»Ich meinte, was gibt es Neues an Medikamenten«, unterbrach ich beide.

»Ach so«, Herr Oberstein schluckte. »Hier, ganz neu. Noch weniger Nebenwirkungen und …«

»Ich wollte mich wirklich nicht verabreden.« Christine wurde rot. Sie wusste, dass ich es nicht mochte, wenn Pharmareferenten uns zum Essen einladen.

»Fräulein Christine«, sagte Herr Oberstein, »ich wollte Sie doch nicht in Bedrängnis bringen.«

»Das tun Sie nicht«, antwortete Christine. »Ich will nur nicht mit Ihnen essen gehen.«

»Ich würde gerne mit ihm essen gehen!« Michaela kam aus dem Labor an den Tresen und lächelte Herrn Oberstein breit an. Sie mochte den Mittvierziger. Aber ihre Sympathie stieß nicht auf Gegenliebe beim Pillenvertreter.

»Ach, hallo, Frau Michaela.« Herr Oberstein verzog sein Gesicht und konnte seinen Widerwillen nicht verbergen.

»Wohin wollen wir denn gehen?«, fragte Michaela.

»Ich glaube, der Herr Doktor will gar nicht, dass wir essen gehen«, entschuldigte sich Herr Oberstein.

»Das stimmt …«, fing ich an, wurde aber von Christine unterbrochen.

»Aber das hat Sie doch nie gekümmert. Jede Woche kommen Sie hierher und fragen, ob ich mit Ihnen essen gehen möchte. Dann gehen Sie doch mit meiner Kollegin.«

»Ja, aber … ich …« Herrn Oberstein fehlten die Worte.

»Warum hast du denn was dagegen?«, fragte mich Michaela.

»Weil ich es nicht gut finde, wenn die Industrie …«

»Ich gehe auf keinen Fall mit ihm essen«, fiel mir Christine ins Wort.

»Schade«, sagte Herr Oberstein.

»Und ich darf nicht gehen.« Michaela schaute traurig.

»Und das neue Medikament…«, begann ich.

»Wer geht denn jetzt mit wem essen?« Michaela schaute verwirrt.

»Keiner«, sagten Christine und ich gleichzeitig.

Herr Oberstein sah mich zerknirscht an. »Dann nehmen Sie doch wenigstens diesen Kugelschreiber…«

Zurück im Sprechzimmer, legte ich meine neue Schreibutensil-Errungenschaft auf den Tisch und rief meinen nächsten Patienten. Manchmal war der alltägliche Wahnsinn am Tresen nur schwer zu ertragen.

»Und wir wünschen uns doch so sehr eigene Kinder.«

Ines und Lucas Schiffer saßen mir im Sprechzimmer gegenüber und hielten sich an der Hand. Das junge Pärchen sah mich traurig und erwartungsvoll an.

Schon seit Längerem versuchten die beiden ein Kind zu bekommen. Aber es wollte einfach nicht funktionieren. Ich hatte ihn bereits zu einem Urologen und sie zu einem Gynäkologen geschickt – ohne Erfolg. Und auch ein spezielles Zentrum für Reproduktionsmedizin konnte keine Ursache dafür finden, weshalb das Pärchen bislang kinderlos war.

»Organisch sind Sie gesund«, erklärte ich. »Ich habe auch keine Erklärung dafür, warum das bei Ihnen noch nicht geklappt hat.«

»Wir haben wirklich schon alles versucht. Wir haben uns an die Mondphasen gehalten. Und haben meinen Eisprung ausgerechnet und uns danach gerichtet«, sagte Ines.

»Ines hat sogar Kopfstand gemacht – danach«, sagte Lucas. »Alles ohne Erfolg.«

Ich überflog die Laborergebnisse und die Untersuchungsresultate der Fachärzte. »Ich kann mir das nicht erklären. Haben Sie denn viel Stress?«

Manchmal kann Stress die Ursache für eine Unfruchtbarkeit sein. Als würde die Natur den Körper vor dem Stress einer Schwangerschaft und der Kindererziehung schützen wollen und die Fruchtbarkeit in Zeiten des Stresses einfach abschalten. Bei Frauen wie bei Männern.

»Na Stress hat man doch irgendwie immer, oder?«, fragte Ines. »Aber dass wir deshalb keine Kinder bekommen können, möchte ich einfach nicht einsehen.«

»Vielleicht empfehle ich Ihnen mal einen Kurs zur Stressbewältigung. Oder vielleicht versuchen wir es mit Akupunktur«, schlug ich vor.

»Wir hatten da an was anderes gedacht, Herr Doktor«, unterbrach mich Lucas.

»Aha«, sagte ich erstaunt. »Na, ich bin gespannt. An was denn?«

Das Pärchen guckte sich kurz an. Die Wangen von Ines wurden rot. »Nun, wir dachten«, fing sie an, »dass Sie uns vielleicht ganz persönlich helfen könnten.«

»Und wie soll das gehen?«, fragte ich.

»Na, Sie sind doch auch ein Mann«, sagte Lucas. »Und da dachten wir, wenn Sie, also, mit meiner Frau … Vielleicht bin ich als Mann ja schuld, und dann müsste es doch gehen.«

»Und Sie sind Arzt«, fügte Ines schnell hinzu. »Das kann unserem Kind ja nicht schaden.«

Hatte ich die beiden gerade richtig verstanden? Hatte das Pärchen mir wirklich eine recht unorthodoxe medizinische Lösung ihres Problems vorgeschlagen?

»Ich soll – was?«, fragte ich erstaunt.

»Na, wenn Sie mit mir schlafen, Herr Doktor, dann könnte es doch vielleicht klappen. Ich meine, falls Lucas schuld ist.«

»Das kann ich nicht«, sagte ich entschlossen.

Ines und Lucas schauten sich an. »Warum denn nicht?«, wollte Ines wissen. »Bin ich für Sie nicht attraktiv genug?«

»Darum geht es nicht«, sagte ich. »Ich bin Ihr Hausarzt, und nicht Ihr Liebhaber. Außerdem bin ich verheiratet.«

»Sie würden es doch auch für mich tun«, sagte Lucas.

»Das habe ich schon verstanden, aber es muss eine andere Lösung für Ihr Problem geben.«

Ines sah mich an. »Sie könnten auch in einen Becher, und dann ...«

»Nein!«, unterbrach ich sie schnell. »Ich bin keine Lösung für Sie beide. Ich finde wirklich, Sie sollten es einmal mit alternativen Verfahren versuchen. Also nicht nur eine Alternative zu mir, sondern alternative medizinische Verfahren wie zum Beispiel die Akupunktur.«

»Meinen Sie?«, fragte Ines etwas enttäuscht.

»Auf jeden Fall«, versicherte ich. »Ich habe bislang gute Erfahrungen damit gemacht. Wissen Sie, wenn man sich so sehr ein Kind wünscht, wie Sie beide es tun – so sehr, dass Lucas es sogar zulassen würde, dass seine Frau das Kind mit einem anderen Mann zeugt –, dann kann es sein, dass der Stress des starken Wunsches selbst die Erfüllung des Wunsches blockiert.«

Die beiden nickten stumm.

»Und dagegen soll Akupunktur helfen?«, fragte Lucas ein wenig erleichtert.

»Das kann schon sein. Einen Versuch ist es auf jeden Fall wert. Sie sind beide noch jung und müssen keine Torschlusspanik kriegen. Nehmen Sie sich die Zeit. Und wenn es in ein bis zwei Jahren immer noch nicht geklappt hat, dann sehen wir weiter.«

»Dann würden Sie uns helfen?«, fragte Ines freudig.

»Ja, aber nicht so, wie Sie es sich erhofft haben. Wir finden dann bestimmt eine andere Lösung, für Sie und Ihren Mann. Gemeinsam.«

Ich war sehr zuversichtlich, dass wir in einem Jahr die Suche nicht mehr beginnen müssten. Beide waren körperlich gesund. Ines und Lucas schauten mich an. »Wir werden es versuchen. Danke trotzdem.«

Ich führte die beiden aus dem Sprechzimmer. »Hören Sie auf, nach Mondphasen oder Kalender Kinder machen zu wollen. Und keine Kopfstände mehr«, lächelte ich. »Es klappt bestimmt von ganz alleine.«

»Und? Morbus Bahlsen, oder?«, fragte mich meine Helferin Christine, als ich das Pärchen verabschiedet hatte.

»Wie bitte?«, fragte ich.

»Na, die hatten einen am Keks, oder?«

»Christine! So was sagt man nicht. Außerdem stimmt es nicht. Die haben nichts am Keks, die haben nur Probleme.«

»Die werden nicht schwanger, oder?«

»Hast du das in der Akte gelesen?«

»Klar. Ist schon ungerecht. Die einen schaffen es nicht, ein Kind zu bekommen, die anderen treiben ab.«

»Stimmt.«

»Und? Konntest du ihnen helfen?«, wollte Christine wissen.

»Nicht so, wie sie es sich gewünscht hatten.«

»Wann bin ich denn jetzt endlich mal dran?«, unterbrach uns Herr Rothstein, der an den Tresen getreten war. Der ältere Herr war normalerweise nicht sonderlich ungeduldig. Aber heute machte er auf mich einen etwas aufgeregten Eindruck.

»Herr Rothstein. Was kann ich denn für Sie tun? Kommen Sie doch erst einmal in mein Sprechzimmer.« Ich zwinkerte Christine zu und schloss die Tür hinter uns.

»Was fehlt Ihnen denn?«, begann ich das Gespräch.

»Hundert Schritte«, sagte Paul Rothstein.

Es stimmt schon, dass Menschen häufig leicht komisch werden, wenn sie älter werden. Bei Herrn Rothstein war mir das bislang allerdings noch nicht aufgefallen. Der 85-Jährige war für mich bislang immer ein großes Vorbild gewesen. Seit dem Tod seiner Frau vor fünf Jahren hatte er sein Leben nach einer längeren Phase der Trauer wieder sehr gut in den Griff bekommen. Und er war einer der aktivsten Mittachtziger, die ich kannte. Jeden Tag schwang er sich aufs Fahrrad und fuhr Kilometer um Kilometer, dem Alter und der Einsamkeit davon. Ich gäbe einiges dafür, wenn ich mit Mitte achtzig noch so fit und gesund sein darf, dachte ich mir.

»Was meinen Sie damit? Ihnen fehlen hundert Schritte?«

»Ich habe doch diesen Schrittzähler.« Herr Rothstein nahm ein kleines Kästchen aus seiner Hosentasche heraus. »Und ich schreibe mir jeden Tag auf, wie viele Schritte ich gelaufen bin.«

»Gut«, sagte ich anerkennend.

»Jaja. Und bislang waren es immer 3 600 Schritte. Mal zehn mehr, mal zwanzig weniger. Aber es waren fast immer 3 600 Schritte. Und seit der letzten Woche laufe ich nur noch 3 500 Schritte jeden Tag. Ich weiß auch nicht, wie es dazu kommen konnte. Es fehlen einfach 100 Schritte. Egal, wie sehr ich mich angestrengt habe. Abends, wenn ich ins Bett gehe, sind es 100 Schritte weniger als früher. Erschreckend!« Herr Rothstein war wirklich besorgt.

»Und nun machen Sie sich Sorgen?«

»Natürlich! Ich habe Angst, dass das der Anfang vom Ende ist!«

So absurd war der Gedanke von Herrn Rothstein gar nicht. Einbrüche in der Leistungsfähigkeit machen sich am Anfang durch sehr kleine Veränderungen bemerkbar. Leistungssportler kennen das Phänomen des morgendlichen Ruhepulses. Vor dem Aufstehen ist unser Herzschlag sehr konstant. Wenn dieser sich nun plötzlich ändert, kann das ein Zeichen von Krankheiten wie Infektionen sein oder auch ein Übertraining anzeigen.

»Und war die Anzahl der Schritte früher wirklich immer gleich?«, wollte ich wissen.

»Wenn ich's doch sage.« Herr Rothstein kramte in seiner Tasche und zog ein kleines Oktavheft heraus. »Ich habe alles akribisch aufgeschrieben.«

Paul Rothstein war früher Buchhalter gewesen. Und das zeigte sich nun im Oktavheft. Fein säuberlich waren da die jeweiligen Tage mit der dazugehörigen Schrittzahl notiert. Und in der Tat schwankten die Zahlen der letzten Monate um 3 600. Seit einer Woche allerdings standen in der Schrittzeile auch Werte unter 3 500.

»Kann es eine andere Ursache für den Schrittzahl-Abfall geben«, fragte ich meinen Patienten.

»Nicht, dass mir etwas einfallen würde.«

»Haben Sie denn irgendwelche anderen Beschwerden? Atemnot? Schmerzen?«

»Nein.«

Irgendwie hatte ich ein ungutes Gefühl bei dem alten Herren.

»Lassen Sie uns mal ein Belastungs-EKG machen. Ich habe auch noch keine Idee, aber vielleicht kommen wir dann der Sache etwas näher.«

»Ein Belastungs-EKG?«, fragte Herr Rothstein nach.

»Ja. Ein EKG beim Fahrradfahren.«

»Das kann ich ja«, lächelte Paul Rothstein zufrieden.

Wir begannen mit 50 Watt Belastung. Ganz schön viel für einen 85-Jährigen. Aber Herr Rothschild war gut trainiert, und natürlich konnte er die 50 Watt noch gut fahren. Bei 75 Watt sah die Sache schon anders aus. Im EKG traten leichte Veränderungen auf. Der eine Teil der Stromkurve, der eben noch schön flach war, sank plötzlich ab.

»Haben Sie Schmerzen?«, wollte ich wissen.

»Nein.«

»Und wie ist es mit der Luft?«

»Alles prima! Danke der Nachfrage.«

Aber die Kurve zeichnete ein eindeutiges Bild. Das Herz von Herrn Rothschild bekam zu wenig Sauerstoff.

»Dann können Sie mal mit Radfahren aufhören.«

»Schade. Ich komme gerade erst so richtig in Schwung«, lächelte Herr Rothschild.

»Wir müssen aber leider abbrechen. Ihr Herz bekommt unter der Belastung nicht genügend Sauerstoff.«

»Kann das die Ursache für die hundert Schritte sein?«

»Durchaus.«

»Aber ich spüre doch gar nichts. Müsste das nicht irgendwie wehtun oder so?«

»Nicht unbedingt«, erklärte ich meinem Patienten. »Einige Menschen spüren den Schmerz erst sehr spät. Besonders wenn er zuckerkrank ist, bemerkt der Patient überhaupt nicht, dass die Durchblutung schlecht ist. Gut, dass Sie Ihre Schritte immer gezählt haben.«

»Nicht wahr? Und nicht nur das. Ich habe auch meine

Tritte auf dem Rad gezählt.« Er holte ein zweites Oktavheft aus seiner Tasche. »Schauen Sie mal.«

In dem zweiten Heftchen waren nicht nur die Trittzahlen beim Fahrradfahren, sondern auch Durchschnittsgeschwindigkeit, Temperatur, Windgeschwindigkeit, Daten eines Herzfrequenzgurtes sowie die errechnete Flüssigkeitszufuhr während der Fahrzeit fein säuberlich vermerkt.

»Herr Rothstein, wofür schreiben Sie das denn alles auf?«

»Für den Iron-Man, Herr Doktor.«

»Für wen?«

»Für den Berliner Iron-Man. Radfahren, Schwimmen und Laufen. Senioren-Klasse. Da möchte ich im Herbst teilnehmen. Das schaffe ich doch, oder?«

»Ich glaube schon«, sagte ich. Und ich war mir sicher: Wenn einer meiner Patienten das schaffen würde, dann er.

»Aber dafür brauche ich meine hundert Schritte zurück.«

»Die bekommen Sie. Das verspreche ich Ihnen.«

Herr Rothschild zeigte mir wieder einmal, dass das Lebensalter nur eine Zahl war, die mit der biologischen Realität häufig nichts zu tun hat. Ich würde meinen Patienten zum Kardiologen schicken, der wahrscheinlich eine Katheteruntersuchung durchführen würde und, wenn nötig, die Durchblutung des Herzmuskels durch einen kleinen Eingriff verbessern konnte. Und vielleicht würde der nächste Berliner Iron-Man dieser 85-jährige Mann sein. Und für die letzten hundert Schritte seines langen Laufes wäre ich dann mit verantwortlich. Das erfüllte mich mit Stolz.

Das typische Brennen hinter dem Brustbein, die sogenannte Angina pectoris, als Warnzeichen einer verminderten Durchblutung des Herzmuskels, kann vor allem bei Menschen mit Diabetes mellitus ausbleiben. Da die Zuckerkrankheit die Nerven schädigt, kann auch die Schmerzempfindung der Herznerven vermindert sein. Damit fehlt ein wichtiges Warnsymptom für eine Kranzgefäßerkrankung. Die Patienten verspüren unter Belastung anstelle des Schmerzes häufig Atembeschwerden. Aber auch eine verminderte allgemeine Belastbarkeit kann ein Anzeichen einer Herzschwäche oder Mangeldurchblutung sein.

14

Die Kommune

Mit einem Strauß roter Rosen stand ich vor meiner eigenen Wohnung. Ein bisschen mulmig war mir schon zumute. Aber ich hatte mir fest vorgenommen, diese Nacht zu Hause zu verbringen. Und zwischen mir und meinem Bett stand nur noch die Versöhnung mit Joanna. Außerdem vermisste ich meine kleine Familie. Ich hatte Lilli zuletzt beim Baby-Schwimmen gesehen und freute mich darauf, sie wieder im Arm zu halten.

Die Rosen fand ich eine gute Idee. Jeder weiß schließlich, dass Frauen Blumen mögen. Und mit Rosen lag ich sicher nicht falsch. Ich überlegte kurz, ob ich klingeln sollte oder einfach mit meinem eigenen Schlüssel meine eigene Tür zu meiner eigenen Wohnung aufschließen konnte. Nach der letzten Erfahrung mit meinem unangekündigten Nachhausekommen, bei dem ich Martin Bach auf meinem Sofa vorgefunden hatte, entschied ich mich dafür, doch lieber zu klingeln.

Ding Dong.

Ich freute mich auf Joanna.

Keine Antwort.

Ding Dong.

Warum brauchte die bloß so lange?

Ding Dong. Ding Dong.

Man soll nicht ungeduldig sein, wenn man um Verzeihung bitten möchte.

Nachdem sich die Tür aber auch nach längerer Wartezeit nicht öffnete, entschied ich mich doch für die Schlüsselvariante.

»Joanna!«, rief ich. »Joanna?«

Aber Joanna war nicht zu Hause.

Oh, Mist! PEKiP!, fiel mir ein. Heute war ja PEKiP-Tag.

Joanna war richtig süchtig nach PEKiP, bei ihren persönlichen Kinderbeschäftigungsmaßnahmen kam es direkt nach dem Kinderschwimmen.

»Was ist das denn?«, hatte ich gefragt, als sie das erste Mal in diese Gruppe gegangen war.

»Das ist Gruppenarbeit für Eltern und Kind«, hatte sie mir erklärt. »Möchtest du nicht mitkommen? Du, das ist total intensiv! Echt schön für die Kinder. So natürlich eben.«

Ich hatte mich damals dann doch für einen Nachmittag auf der Couch entschieden. Ein Fehler, wie mir jetzt klar wurde.

Also legte ich die Rosen auf den Küchentisch und radelte los Richtung PEKiP-Gruppe. Schlimmer als Baby-Schwimmen konnte es sicherlich nicht sein.

»Entschuldigung? Wo finde ich die PEKiP-Gruppe?«,

fragte ich das Pärchen, das ich auf dem Innenhof des Altbaus in der Berliner Innenstadt traf. Laut Google-Maps sollte in diesem Haus die PEKiP-Gruppe stattfinden.

»Keene Ahnung. Wat is PEKiP?«, fragte die Frau. »Kennst du dit?«

»Nee. Kenn ick nich.«

»Danke trotzdem«.

Dann musste ich die Gruppe halt alleine finden. Das ist in Berliner Altbauten allerdings leichter gesagt als getan. In den fünf Etagen des Vorderhauses links gab es schon mal keine PEKiP-Gruppe. Dafür aber eine Meditationsgruppe lediger Mütter, ein Aktionscafé und ein Musikstudio. Nur hatte man sich da über mein Klingeln anscheinend nicht gefreut. Die Tür wurde mir ziemlich abrupt vor der Nase wieder zugeschlagen. Also alle Stufen wieder hinabsteigen und den Treppenaufgang Vorderhaus rechts versuchen. Eine Wohngemeinschaft für Demenzkranke, eine Klavierlehrerin und eine Wohnung, deren Eingangsbereich sicher bereits mehrfach als Location für die Fernsehsendung *Familien im Brennpunkt* gedient hatte. Aber keine PEKiP-Gruppe.

Aber es gab ja noch ein Hinterhaus. Auch wenn ich bereits etwas außer Atem war, stieg ich die fünf Stockwerke hoch – und wieder runter. Ohne fündig zu werden. Aber hier musste es doch sein! Google lügt nicht.

Da fiel mein Blick auf ein kleines Gebäude im hinteren Teil des Innenhofes. Aus den Fenstern der Remise schien mir ein warmes Licht entgegen. PEKiP, ich komme!

Nach den Erfahrungen vom Baby-Schwimmen wusste

ich, dass ich die Tür zum Kursraum sehr langsam und sehr leise öffnen musste. Aber bereits nachdem die Tür nur einen Zentimeter weit offen war, schlug mir eine Hitzewelle entgegen, dass ich glaubte, das Zimmer würde in Flammen stehen und ich müsste eine Gruppe brennender Babys retten. Mit Tränen in den Augen betrat ich den Raum.

Bestimmt fünfzehn nackte Babys befanden sich in der Mitte des Zimmers. Sie robbten, lagen auf dem Rücken, auf dem Bauch, auf dem Bauch anderer Babys – und um sie herum, in einem Halbkreis versammelt, knieten die dazugehörigen Mütter. Und, zu meinem Erstaunen, auch ein Vater. Es roch wie in einem Puma-Käfig. Und es war heiß. Verdammt heiß. Woher die Hitze kam, war mir sofort klar: Im Raum standen einige Hitzelampen, wie ich sie von der Station für Frühgeborene kannte.

Am Rand der Krabbelzone stand ein Eimer mit Wasser und einem Tuch. Gerade als ich mich fragte, ob das Wasser zur Erfrischung der Kinder gedacht war, nahm eine Mutter das feuchte Tuch aus dem Eimer und wischte eine Pfütze hinter ihrem Baby auf. Na klar, dachte ich mir, nackte Babys halt.

Und dann sah ich sie: Joanna! Und sie sah mich. Ich war nie besonders gut im Lippenlesen gewesen. Aber das »Ach du Scheiße!« konnte ich genau erkennen. Ich versuchte trotzdem, zuversichtlich zu sein, und ging direkt auf meine Frau zu.

»Hallo, Joanna!«, begann ich.

»Nein, bitte nicht«, antwortet sie mir. Nicht gerade die Begrüßung, die man sich als Ehemann wünscht.

»Hallo, wer bist du denn?« Eine junge Frau mit verdammt kurzen Haaren und einem verdammt orangefarbenen Hemd mit verdammt weiter Jogginghose kam auf mich zu. Ich ging unbewusst in Abwehrhaltung.

»Ich bin der Vater von Lilli«, sagte ich.

»Schön, dass du hier bist. Ich bin Anne.«

Diese Begrüßung überraschte mich. Sowohl beim Baby-Yoga als auch beim Baby-Schwimmen hatte ich mich nicht wirklich willkommen gefühlt. Sollte das hier anders sein? PEKiP fing an, mir zu gefallen.

»Wir finden es hier wahnsinnig wichtig, dass sich auch die Väter engagieren«, erklärte mir die Orangefarbene und zeigte auf den einzigen anderen Mann im Raum, der mich ziemlich unglücklich anschaute. »Väter und Mütter sollten gemeinsam ihre Kinder erfahren. Und sich gegenseitig.«

Das Einzige, was ich von Joanna bislang erfahren hatte, war, dass sie sich nicht gerade überschwänglich freute, mich hier zu sehen.

»Wir wollen auch den Vätern helfen, ihre Kinder besser wahrzunehmen«, fuhr Anne fort. »Das erste Lebensjahr ist eine ganz besondere Zeit. Eltern und Kind müssen erst mal zueinanderfinden.«

Ich dachte immer, das Kind ist nach der Geburt einfach da. Und die Eltern-Kind-Bindung funktioniert von ganz alleine. Weit gefehlt.

»Wir bieten hier ganz viele Bewegungsanregungen.« Anne zeigte auf die Babys. Auf der Matte machte gerade ein kleines blasses Baby ein großes braunes Geschäft.

»Ups!«, rief Anne. »Du, Gaby. Die Charlotte hat da gerade – könntest du das mal bitte wegmachen.«

Und Gaby nahm den Lappen aus dem Eimer und wischte über die braune Stelle auf der Matte. Und legte den Lappen zurück in den Eimer. Nein, das Wasser war bestimmt nicht zur Erfrischung der Babys geeignet.

»Auf jeden Fall: Schön, dass du da bist. Herzlich willkommen!« Anne verschwand.

»Willst du mir jetzt auch noch PEKiP verderben?«, fragte mich Joanna.

»Nein, bestimmt nicht«, sagte ich. »Ich wollte nur bei euch sein. Joanna, es tut mir leid. Und ich weiß inzwischen auch, was mir leidtut.«

»Na, da bin ich aber gespannt.« Joanna sah mich scharf an.

»Mir tut leid, dass ich dich nicht in meine Entscheidungen einbezogen habe. Und mir tut leid, dass das nicht hundertprozentig ehrlich war, was ich dir zum Baby-Yoga gesagt habe. Aber ganz im Ernst. Die Position der Kuh – die geht gar nicht!«

Jetzt lächelte Joanna. »Na, vielleicht habe ich dir da auch ein bisschen viel zugemutet.«

»Muh!«, sagte ich, und wir lachten beide.

»Sind wir wieder gut?«, fragte ich unsicher.

»Na klar.«

Das ging einfacher, als ich gedacht hatte. Und ich hatte nicht mal die Rosen gebraucht.

»Wie macht Lilli sich denn so beim PEKiP«, fragte ich.

»Sehr gut.«

Lilli robbte gerade auf den Rücken eines anderen Kindes. Sie hatte sichtlich Spaß. Auf alle Fälle mehr als das Kind, dessen Rücken als Pferd missbraucht wurde, denn das schrie wie am Spieß.

»Sollten wir Lilli da nicht mal runternehmen«, fragte ich besorgt.

»Lass mal. Die Kinder müssen ihre eigenen Erfahrungen machen. So wie du.«

War das der Grund, weshalb ich zu Hause rausgeflogen war? Um meine eigenen Erfahrungen machen zu müssen? Wollte Joanna mich erziehen? War meine Frau vielleicht zur Super-Mama mutiert und sah es nun als ihre Aufgabe an, alles und jeden zu erziehen? Mir drehte sich der Kopf. Sollte ich sie darauf ansprechen? Mit der Gefahr, dass ich mich erneut mit ihr zerstritt? Oder sollte ich den Gedanken einfach verdrängen – des lieben Frieden willens? Aber dann würde er mich bestimmt irgendwann wieder einholen. Das hatte ich meinen Patienten oft genug gesagt. Verdrängung ist nur eine kurzfristige Lösung für unsere Seele. Eine Lösung, um uns kampf- oder fluchtbereit zu halten. Keinesfalls, um unsere Probleme dauerhaft zu lösen.

Wenn man nicht weiß, was man tun soll, tut man am besten gar nichts. Dann richtet man zumindest keinen weiteren Schaden an.

»Joanna, ich geh mal kurz frische Luft schnappen«, sagte ich.

»Willst du nicht noch ein bisschen bei uns bleiben? Schau doch mal, wie zufrieden Lilli ist.«

»Ich komme gleich wieder. Mir ist hier ganz schön heiß. Ich gehe nur kurz vor die Tür und bin gleich wieder zurück.«

Joanna machte einen Schmollmund, aber lächelte gleich wieder. »Alles klar. Bis gleich. Du bist mir wichtig!«

Die kühle Luft im Innenhof tat mir gut. Vor der Tür stand bereits der andere Vater, der mich im PEKiP-Raum zuvor so traurig angeschaut hatte.

»Mörder, oder?«, sagte er.

»Wie bitte?«

»Da drin, das ist mörder. Ich ertrage es nicht mehr. Es ist heiß wie im afrikanischen Busch. Und dann diese nackten Babys. Der ganze Raum ist voller Babys!« Er schüttelte sich. »Ich bin Ralph.«

Wir gaben uns die Hand. Ralph war geschätzt Ende dreißig. Er war schlank und hatte einen ungepflegten Dreitagebart. Auf seinem Kopf waren nur noch wenige Haare, und die waren recht dünn. Wenn ich so wenig Haare hätte, würde ich sie mir komplett abrasieren, dachte ich mir.

»Ich bin nur wegen meiner Frau hier«, sagte Ralph. »Die findet PEKiP richtig toll. Warte mal, bis die nachher mit dem Singen anfangen. Ich könnte jetzt schon kotzen!«

»Ach komm«, sagte ich. »So schlimm ist es doch auch wieder nicht.«

»Natürlich ist es das!«, sagte er etwas lauter. Ralph schaute mich mit seinen graublauen Augen an. Er verzog keine Miene. Ein kalter Schauer lief mir über den Rücken. Ralph hatte etwas Psychotisches an sich, ich wusste aber nicht genau, was es war. »Es ist schlimm. Ganz schlimm! Es fängt mit PEKiP an. Dann kauft ihr eure Klamotten nur noch im Dritte-Welt-Laden. Und du bekommst nur noch Sachen aus dem Bioladen zu essen. Vergiss dein Bier am Abend! Grüner Tee, sag ich nur.« Ralph zog angewidert die Nase hoch. »Und irgendwann sagt sie, ihr solltet in eine größere Wohnung ziehen. Natürlich könnt ihr euch das nicht leisten. Da bleibt nur eine Möglichkeit übrig. Eine WG! Eine Kommune! Verstehst du?«

Ralph schaute mir weiterhin tief in die Augen, ohne zu blinzeln. Irgendetwas berührte er tief in mir, wenn er so voller Engagement sprach. Hatte er vielleicht recht? Joanna kaufte in der Tat das Obst im Bioladen.

»Du willst es nicht sehen, oder?« Ralph ließ seinen Blick nicht los. »Hast du dich nie gefragt, warum keine Männer in diesen Kursen sind?«

Ehrlich gesagt, hatte ich mich das nie gefragt. Weil ich ja sonst auch nicht dort war. Aber Ralph gab mir trotzdem die Antwort: »Weil die Frauen hier ihren Sieg über uns Männer planen.«

Das ging mir nun etwas zu weit. Warum sollten die Frauen einen Sieg über uns planen? Aber noch ehe ich etwas erwidern konnte, redete Ralph schon weiter. »Es ist ein Krieg, wie nur Frauen ihn führen können. Psychologisch.« Das letzte Wort flüsterte er. »Und wenn sie ihn gewonnen haben, ihren Krieg, dann sind wir fertig. Verstehst du? Fertig!«

Ich verstand nicht.

»Dann sind wir nur noch dazu da, das Geld für sie zu verdienen und ihnen weitere Kinder zu machen. Für noch mehr PEKiP.« Ralph ließ den Blick von mir ab und schaute in den leeren Innenhof.

> Ein Wahn ist eine Denkstörung mit Falschbeurteilung der Wirklichkeit. Patienten erleben den Wahn als Wahrheit und halten mit absoluter Gewissheit an ihm fest, auch wenn er mit der Realität nachprüfbar nicht übereinstimmt. Da ein Wahngedanke von dem Erkrankten als wahr erlebt wird, wird dieser auch mit großer Überzeugung wiedergegeben. Wahnsymptomatiken können auf die Umgebung abfärben, die Medizin nennt diese Wahn-Ansteckung Folie à deux. Nach der Trennung von dem erkrankten Patienten verschwindet der übernommene Wahn bei der vormals gesunden Person meistens jedoch wieder vollständig.

Auch wenn Ralph ein Spinner war und in einer gezielten psychiatrischen Exploration sicherlich die ein oder andere psychische Erkrankung diagnostiziert worden wäre, hatte mich sein Monolog doch getroffen. War da nicht vielleicht ein Fünkchen Wahrheit dran? Joanna hatte sich verändert, seit Lilli auf der Welt war. Sie war härter geworden im Umgang mit mir. Viele ihrer Ansichten, über die wir früher endlos diskutiert hatten, um uns zu einigen, nahm sie heute als selbstverständlich an. Und es stimmte, ich musste arbeiten, um das Geld zu verdienen, das Joanna im Bioladen ausgab. Und es war nicht nur der PEKiP-Kurs. Es war PEKiP, Yoga und Baby-Schwimmen. Und neulich hatte Joanna gesagt, dass es doch schön wäre, wenn wir mehr Unterstützung in der Kindererziehung hätten! So wie die Menschen früher. Auf dem Bauernhof, mit mehreren Generationen unter einem Dach. Ein Bauernhof! Nur ein kleiner Schritt hin zu einer Kommune! Mir brach der Schweiß aus. Vielleicht hatte Ralph recht! Mir wurde schwindelig. Die Wände des Innenhofes schienen auf mich zuzukommen. Ich musste hier raus!

Durch den Torbogen sah ich die Straße. Da musste ich hin. Aber auch die Straße war mir noch zu eng. Ich lief also weiter in die nächste Straße. Aber meine Gedanken blieben weiter in mir. Ich musste weg von hier. Das wusste ich. Aber wohin? Ich ging und ging. Und weil das nicht schnell genug war, fing ich an zu traben. Nicht schnell genug. Ich rannte. Schneller! Die Menschen auf dem Bürgersteig wichen erstaunt aus. Weg da! Ihr seid mir im Weg! Ich rannte auf die Straße. Da kann man schneller rennen. Ich war schon lange nicht mehr so schnell gelaufen. Das tat gut.

Nach einiger Zeit blieb ich erschöpft am Straßenrand stehen. Ich holte verzweifelt Luft und wusste, ich brauchte Hilfe.

Der Psychiater

Die sogenannten »P-Fächer« der Medizin sind für Patienten und Körper-Ärzte recht schwer zu verstehen. Psychiater, Psychotherapeuten, Psychosomatiker und Psychologen streiten sich täglich und unerbittlich um die Zuständigkeit für die menschliche Seele.

Und als ob der Streit zwischen den einzelnen Berufsgruppen nicht ausreichen würde, streiten sich auch noch die Psychotherapeuten untereinander. Auf der einen Seite kämpfen die Verhaltenstherapeuten gegen die psychodynamisch orientierten Tiefenpsychologen und halten ihnen als Argument »Wir sind auch keine Oberflächen-Therapeuten« entgegen. Tiefenpsychologen kontern mit der Aussage »Wieso Verhaltenstherapie? Der Mensch ist doch kein Pawlowscher Hund!«. Und dazwischen stehen die Analytiker und reden mit keinem, der nicht selber mindestens eine Analyse hinter sich gebracht hat.

Um die Beziehungsproblematiken der einzelnen

P-Fächer zu verstärken, gibt es neben den Psychotherapeuten dann auch noch die Psychiater. Diese können zwar auch Psychotherapien anbieten, wenn sie speziell dafür ausgebildet wurden. Aber die Psychiater dürfen auch, anders als die reinen Therapeuten, Medikamente verordnen. Und von diesem exklusiven Recht machen sie auch regen Gebrauch.

Und was gibt es nicht alles für Pillen! Pillen, die den Antrieb steigern, Pillen die den Antrieb hemmen. Pillen, die die Stimmung aufhellen, und solche, die die Stimmung wieder dimmen. Es ist schon erstaunlich, welche Gefühle uns die kleine Chemiefabrik unseres Gehirns bereiten kann.

Aber es braucht bei Weitem nicht immer Medikamente, um die Chemie unseres Gehirnes zu verändern. Dazu reichen häufig einfach Gedanken aus. Und um diese Gedanken hervorzurufen, haben sich die Damen und Herren der P-Fächer eine Reihe von Tricks ausgedacht. Von Hypnose über Katathymes Bilderleben (ein wissenschaftliches Konzept, das man auf Partys am besten mit Tagträumen umschreiben kann) bis hin zur Elektrokrampftherapie (eine Therapie, die eher auf die Wirkung starker Stromstöße auf das menschliche Gehirn als auf Worte setzt) – letztendlich geht es darum, eine Veränderung im Denken, Erleben und Handeln hervorzurufen. Und da sind die P-Spezialisten wirkliche Profis. Zumindest, was das Denken, Erleben und Handeln der anderen angeht.

Ein befreundeter Therapeut beklagte sich einmal bei mir, dass die Psychotherapeuten die Ärzte seien, die am wenigsten Geld verdienen würden. Mein Hinweis, dass sie aber sicherlich am besten mit dieser Situation umzugehen wüssten, rief eine Emotion in ihm hervor, die man wohl am treffendsten als Wut bezeichnet.

Auf Partys sind Psychiater und Therapeuten, zumindest ohne Hilfe von Drogen oder Alkohol, meistens nicht die entspanntesten. Es ist ja auch schwer, Freude zu empfinden, wenn der analytische Geist unentwegt analysiert, ob es sich um wahre Freude handelt oder es vielleicht doch nur ein Ersatzgefühl für Trauer oder Angst ist.

Bei Party-Spielen hat man Vertreter der P-Familie allerdings gerne in der gegnerischen Mannschaft. Ob bei Trivial Pursuit oder Montagsmaler – es hilft, wenn der Gegner dreimal überlegt, ob er »Katze« rufen soll. Und auch das eigene schlechte Gewissen über den haushohen Sieg muss nicht sonderlich ausgeprägt sein, weiß man schließlich, dass die Niederlage in der nächsten Balint-Gruppe vom Gegner gut verarbeitet werden wird.

Ich bin früher einmal mit einer angehenden Psychiaterin ausgegangen. Nachdem ich mich wochenlang nicht mehr bei ihr gemeldet hatte und sie zufällig auf der Straße wieder traf, hatte ich erwartet, dass sie mir eine Qualitäts-Szene bereiten würde. Weit gefehlt. Sie sagte nur: »Ich dachte mir, du wirst schon deine Gründe haben.« Psychiater sind einfach zu gut für diese Welt!

15

Folie à deux

»*Folie à deux*«, sagte Marco und nahm einen Schluck von seinem Bier. »Eine induzierte wahnhafte Störung. Ganz klar.«

Marco war ein alter Studienfreund. Er war immer ein netter Kerl gewesen, allerdings war er auch schon immer etwas seltsam. Bereits mit Anfang zwanzig hatte er keine Haare mehr auf dem Kopf. Sein Haupt glänzte wie eine Billardkugel. Er war hochgewachsen und schlaksig und sah mit seiner Hornbrille irgendwie immer aus wie Fred Clever aus dem Comic *Clever & Smart*.

Seltsam war er aber vor allem, weil er schon zu Beginn des Medizinstudiums wusste, dass er Psychiater werden würde. Keiner von uns anderen wollte in diesen Fachbereich. Wir wollten Blut sehen, Menschenleben retten, Knochen brechen und wieder zusammenflicken – aber nicht nur reden oder Zwangseinweisungen vornehmen. Und Marco war durchaus häufig nervig. Bei jeder Erkrankung sah er eine psychische Beteiligung. »Überleg doch mal, was das mit dem Patienten macht«, war einer seiner Lieblingssätze. Dicht gefolgt von: »Und wie geht es dir jetzt damit?« So viel innere Einsicht war anstrengend, und daher hatte ich immer versucht, den Kontakt mit Marco auf ein Minimum zu beschränken. Außerdem hatte ich ständig das Gefühl, er würde mich besser durchschauen als ich mich selber.

Aber heute brauchte ich ihn. Ich war glücklich, dass er sich nach meinem Anruf sofort bereiterklärt hatte, mich zu sehen. Aber nicht in seiner Nervenarzt-Praxis. Das wollte ich nicht. Also lud ich ihn zu einem Bier in unserer Eckkneipe ein. Hier fühlte ich mich nicht ganz so verrückt.

»Ich habe eine wahnhafte Störung?«, fragte ich erschrocken.

»Ich denke schon. Aber was denkst du?«, fragte Marco.

»Na, ich weiß nicht. Ich fand mich eigentlich immer recht vernünftig.«

»Das ist ja die Definition eines Wahns«, lachte Marco. »Du hast aber keinen eigenen Wahn. Du hast dich sozusagen anstecken lassen.«

»Von Ralph?«

»Genau. War alles ein bisschen viel in letzter Zeit für dich, oder?«

Damit hatte Marco recht. Seit der Geburt von Lilli war mein Leben deutlich anstrengender geworden. Die Verantwortung für eine Familie und eine eigene Praxis zu tragen, war schon schwer genug. Aber als dann auch noch die Bedrohung durch Martin Bach dazukam, fühlte ich mich ziemlich unter Druck.

»Geht schon irgendwie«, sagte ich.

»Du musst bei mir nicht der starke Mann sein.« Marco sah mich ernst an.

»Na ja, war schon recht viel«, gab ich zu.

»Natürlich war es das«, bestätigte mich Marco. »Auf eine einzelne Schulter passt nicht endlos viel Last.«

»Und deshalb habe ich mich an Ralphs Wahn angesteckt?«, fragte ich.

»Ich weiß es nicht. Aber es könnte doch sein, oder?«

Die Theorie, die Frauen würden einen Krieg mit uns Männern führen, erschien mir inzwischen ziemlich absurd. Auch dass Joanna mit mir in eine Kommune ziehen wollte, war eher unwahrscheinlich. Ich konnte nicht mehr verstehen, weshalb ich auf dem Innenhof mit Ralph plötzlich Panik bekommen hatte.

»Kann das noch mal passieren?«, wollte ich von meinem Psychiater-Freund wissen.

»Na klar.« Die Aussage beruhigte mich nicht.

»Und was mache ich jetzt?« Ich trank einen Schluck von meiner heißen Schokolade. »Ich meine, damit das nicht wieder passiert?«

»Zunächst geht es darum, dass du ein bisschen Last abbaust. Du kannst deine Konflikte nicht ewig vor dir herschieben.«

»Aber ich wollte mich doch mit Joanna versöhnen.«

»Aber trotzdem hast du Panik bekommen?«

»Ja.«

Marco nahm seine Hornbrille ab, nahm eine Serviette vom Tisch und reinigte die Gläser. »Erzähl noch mal. Ihr hattet euch vertragen, und dann ist dir plötzlich heiß geworden, und du musstest den Raum verlassen?«

»Ja, so war es.«

»Das klingt aber nicht nach wirklich vertragen.«

Marco setzte seine Brille wieder auf und schaute mir in die Augen. »War da wirklich nichts anderes?«

Ich überlegte. »Ich hatte plötzlich das Gefühl, Joanna würde mich erziehen wollen«, fiel mir wieder ein.

»So wie man ein Kind erzieht?«

»Genau.«

Marco überlegte kurz. »Das ist aber nicht gut in einer Ehe.«

»Finde ich auch nicht.«

»Und dann bist du rausgegangen?«

»Ja.«

»Du hast Joanna nicht darauf angesprochen?«

»Nein. Ich wollte unsere Versöhnung nicht gefährden.«

Marco lächelte kurz. Aber nachdem ich zurücklächelte, wurde sein Blick ernst. Ich fühlte mich um mein ehrliches Lächeln betrogen.

»Das war keine richtige Versöhnung«, sagte er.

»Wie meinst du das?«, fragte ich ihn.

»Eine richtige Versöhnung lässt keine Zweifel zurück. Ihr müsst über alles reden können. Auch über deine Gefühle und Sorgen. Wieso hast du Angst vor Joanna?«

»Ich habe keine Angst vor Joanna«, sagte ich gespielt entrüstet. »Wir führen eine gleichberechtigte Ehe. Warum sollte ich Angst vor Joanna haben? Marco, was soll ich tun?«

»Was würdest du denn gerne tun?«

»Alles ungeschehen machen.«

»Das geht nicht.«

»Das weiß ich auch.« Was war das denn bitte für ein Psychiater? Sollte der mir nicht helfen? Sollte ich von Marco nicht wertvolle Tipps bekommen?

»Wenn du mir nicht helfen willst, dann lass es halt bleiben«, sagte ich eingeschnappt.

»Darum geht es nicht. Natürlich möchte ich dir helfen. Aber ich kann nicht dein Leben leben. Ich kann nicht deine Entscheidungen für dich treffen. Dafür bist du selber verantwortlich. Versuch mal, einen Schritt nach dem anderen zu machen. Was möchtest du als Nächstes tun?«

»Als Nächstes möchte ich nach Hause gehen und mich duschen. Und dann möchte ich Joanna in den Arm nehmen, und dann möchte ich, dass alles wieder so ist wie früher.«

»Hm. Wird das funktionieren?

»Bis zum Duschen auf jeden Fall.«

»Und dann?«

»Dann werden wir weitersehen.«

»Es tut mir leid, aber das klingt nicht nach einem Plan.«

»Finde ich schon.«

Marco schwieg.

Ich schwieg. In dem Moment fiel mir ein, dass Joanna ja noch immer beim PEKiP war. Oh mein Gott! Wie viel Zeit war eigentlich vergangen, seit ich weggelaufen war? Ich hatte ja versprochen, nur kurz frische Luft schnappen zu gehen. »Marco, ich muss weg«, sagte ich hektisch und legte zehn Euro auf den Tisch.

»Ist das die Praxisgebühr? Die ist abgeschafft.«

»Ist für das Bier. Danke dir!« Beim Herausgehen rief ich noch: »Wir sehen uns.«

»Bestimmt«, sagte Marco leise und begann wieder seine Brille zu putzen.

Der Innenhof war unverändert. Ralph war nicht mehr da. Aber im Inneren der Remise schien noch immer Licht, und es drang leises Babygeschrei nach außen. Gott sei Dank, sie sind noch alle da, dachte ich.

Als ich die Tür zum PEKiP-Raum öffnete, konnte ich Joanna aber nicht entdecken. Dass zwei der Babys auf der Matte schwarze Hautfarbe hatten, lag sicher nicht an der afrikanischen Hitze des Raumes, sondern daran, dass es sich um eine neue Gruppe handelte. Scheiße!

»Wo ist Joanna«, rief ich zu Anne, der PEKiP-Tante.

»Sie ist gegangen. Sie hatte noch auf dich gewartet, aber du warst verschwunden. Joanna sah nicht glücklich aus, weißt du?«

Ich konnte es mir lebhaft vorstellen. Langsam schloss ich die Tür hinter mir und ging zum zweiten Mal am heutigen Tag in Richtung Innenhof. Vor der Tür stand Marco.

»Was machst du denn hier«, fragte ich erstaunt.

»Ich bin dir gefolgt. Ich hab mir gedacht, du brauchst bestimmt noch mal Hilfe.«

»Bist du Hellseher?«

»Nein, Nervenarzt«, lachte er. »Mensch, Kumpel! Was ist los?«

»Sie ist weg.«

»Aber doch nicht für immer.«

»Ich weiß es nicht.«

»Weißt du, wir Menschen können uns nicht wie Baron Münchhausen am eigenen Schopf aus dem Sumpf ziehen. Und wenn wir im Sumpf stecken, dann ist alles um uns herum nur Sumpf. Ich helfe dir da rauszukommen.«

Ich stand am Rand der grünen Blumenwiese und schaute mich um. Bienen summten von Blüte zu Blüte, und ich konnte das Zirpen der Grillen hören. Eine sanfte, warme Brise strich über mein Gesicht, und ich war zutiefst zufrieden.

Joanna kam durch das frische Gras auf mich zugelaufen. Sie trug das Kleid, das sie anhatte, als wir uns kennengelernt hatten. Sie sah wundervoll aus. Ihr langes, dunkles Haar, ihre hellen Augen, das unbeschwerte Lächeln. Joanna nahm meine Hand und lief los.

»Wohin läufst du?«, fragte ich.

»Du wirst schon sehen«, lachte sie.

Nach einigen Schritten ließ sich Joanna in das weiche Gras fallen und zog mich mit herunter.

»Du bist mir wichtig«, flüsterte sie.

»Ich liebe dich auch.« Ich war glücklich.

Es war wie früher, am Anfang unserer Beziehung. Lange bevor Lilli geboren wurde. Wir lagen nebeneinander im Gras und sahen uns die Wolken am Himmel an. Ich hätte stundenlang so neben Joanna liegen können. Aber ich hatte eine Aufgabe zu erledigen. Ich wollte nur noch einen kleinen Moment lang den Augenblick genießen.

Aber es musste sein, also atmete ich tief durch und fing an.

»Joanna, ich muss mit dir reden.«

Meine Frau schaute mich an und lächelte. Ich liebte ihre Augen.

»Worüber denn?«, fragte sie mich.

»Über uns. Und über unser Leben. Seit Lilli gekommen ist.«

Joannas Blick verfinsterte sich, ein kalter Luftzug

zog auf. Plötzlich sah ich, dass zwischen meiner Frau und mir unsere Tochter Lilli lag. Joanna hielt schützend ihren Arm um Lilli, und ich wurde wie von einem großen Magneten ein Stückchen von Joanna weggezogen.

»Was ist mit Lilli?«, fragte Joanna scharf.

»Seit Lilli da ist, ...« Doch ich konnte den Satz nicht zu Ende bringen. Joanna umhüllte Lilli mit ihrem Kleid, und ich wurde weiter zum Rand der Wiese gespült.

»Was ist mit Lilli?«, rief sie mir hinterher.

Die Wiese verblasste, und ich fand mich plötzlich in einem dunklen Waldstück wieder. Durch die Bäume konnte ich meine kleine Tochter sehen, wie sie auf dem Waldboden lag. Ich wollte zu ihr hingehen, aber hinter einem Baum kam Joanna hervor und hielt mich davon ab.

»Was ist mit Lilli?«, rief sie.

Ich muss hier raus, dachte ich.

»Was ist mit Lilli?« Joanna wurde ungeduldig.

Ich konzentrierte mich darauf, das Experiment zu beenden, und schaffte es in der Tat, mich vom Wald zu trennen und meine Augen zu öffnen.

Ich lag auf der Couch in der Praxis meines Psychiaterfreundes Marco und war schweißgebadet.

»Na, siehst du. Und du hast geglaubt, das mit der Hypnose funktioniert bei dir nicht.« Marco war sichtlich zufrieden. »Erstaunlich«, sagte ich. »Aber was bringt mir das jetzt?«

»Konntest du Joanna visualisieren?«

»Nicht nur das. Ich konnte sogar mit ihr sprechen.«

»Gut. Und? Was hat sie gesagt?«, wollte Marco wissen.

»›Was ist mit Lilli?‹«

»Was bedeutet das?«

»Ich weiß es auch nicht.«

»Wie hast du dich dabei gefühlt?«

Ich überlegte kurz. »Am Anfang war alles sehr friedlich und schön. Ich habe eine Wiese gesehen, und dann kam Joanna, wie ich sie von früher kannte. Wir haben uns lange angesehen. Und dann, plötzlich, war alles anders. Lilli war zwischen uns, und die Wiese wurde kälter. Aber Marco, das kann nicht sein! Ich liebe meine Tochter.«

»Du darfst die Erfahrungen in der Hypnose nicht als Wahrheit auffassen. Die Bilder und Gefühle sind nur Symbole. Aber die Beziehung zu Joanna hat sich sicherlich verändert, seit Lilli geboren ist, oder?«

»Auf jeden Fall.«

»Ist sie schlechter geworden oder nur anders?«

Darüber hatte ich mir noch keine Gedanken gemacht. Natürlich waren viele Dinge nicht mehr so wie vor Lillis Geburt. Aber schlechter war meine Beziehung zu Joanna sicher nicht geworden. Wir waren kein Paar mehr, sondern eine Familie. Und das war schön.

»Eigentlich ist sie nur anders geworden. »Danke für deine Hilfe, Marco«, sagte ich ehrlich.

»Jederzeit. Hey, wir können das mit der Hypnose gerne mal wiederholen.«

»Lass mal. Ich glaube, mir reicht das heute erst mal.«

16

Alles Taktik

»Ich will eigentlich gar nicht stören. Ich brauche nur ein Attest. Geht auch ganz schnell.«

Als Facharzt für Formularwesen war mir dieser Beratungsanlass durchaus geläufig. Sportatteste, Arbeitsunfähigkeitsbescheinigungen, Kurfähigkeitsbescheinigungen, stufenweise Wiedereingliederungen, Gutachten vor Aufnahme einer Psychotherapie, Krankentagegeldbescheinigung, Bescheinigung zur Erreichung der Belastungsgrenze … dem bürokratischen Wahnsinn sind keine Grenzen gesetzt. Und an manchem Tag kam mir meine Praxis wie eine Amtsstube vor.

»Was soll das denn für ein Attest sein?«, fragte ich meinen Patienten Mike Sturm. Der 25-Jährige sah mir recht gesund aus. Ich schaute in seine Patientenakte in meinem Computer und konnte außer einem grippalen Infekt vor drei Monaten keine Erkrankungen erkennen. Wahrscheinlich wollte er eine Tauchtauglichkeitsbescheinigung oder ein Attest für das Fitness-Studio oder was Ähnliches von mir.

»Eine Bestätigung, dass ich eine Beatmungsmaschine brauche«, sagte Mike.

»Wie bitte?«

»Eine Bestätigung, dass ich eine Beatmungsmaschine brauche«, wiederholte er.

»Akustisch hatte ich das schon verstanden. Aber was für eine Beatmungsmaschine denn?«

»Na so eine mit Sauerstoff, in der Nacht.«

»Sie meinen ein ncPAP-Gerät? Wegen einem Schlafapnoe-Syndrom?«

»Genau, so heißt das.«

Bei einem Schlafapnoesyndrom kommt es während des Schlafs zu einem wiederholten Aussetzen der Atmung. Die Folge ist ein Abfall der Sauerstoffsättigung des Blutes. Der Körper reagiert mit einer Panikreaktion und schüttet Stresshormone aus. Diese schädigen den Körper und führen zu Folgeerkrankungen wie Bluthochdruck und Herzerkrankungen. Vor allem Schnarcher leiden häufiger an einem Schlafapnoesyndrom. Eine Therapiemöglichkeit besteht in einer Atemmaske (ncPAP-Maske), die über Nacht getragen werden muss. Durch diese Maske wird leichter Druck auf die Atemwege ausgeübt, und die Anzahl der Atempausen verringert sich. Patienten, die an einem Schlafapnoesyndrom leiden, sind häufig überrascht, wie gut es ihnen danach wieder geht.

»Aber Sie haben doch überhaupt kein Schlafapnoesyndrom, oder?«, fragte ich Herrn Sturm.

»Das weiß doch keiner.«

»Ich aber schon.«

»Für Sie ist das Attest ja auch nicht gedacht.«

»Jetzt mal langsam und von vorne. Warum denken Sie denn, dass Sie ein Schlafapnoesyndrom haben?«

»Das denke ich ja gar nicht.«

»Warum wollen Sie dann ein Attest darüber haben?«

»Damit die anderen das denken.«

»Welche anderen?« Langsam verlor ich die Geduld.

»Na zum Beispiel mein Stromversorger.«

»Das E-Werk soll denken, dass Sie ein Schlafapnoesyndrom haben?«

»Jetzt haben Sie es verstanden, Doktor.«

Ich hasste Atteste und Bescheinigungen. Aber besonders hasste ich es, wenn Patienten von mir Atteste wollten, die medizinisch nicht korrekt waren. Häufig folgten dann endlose Diskussionen in der vollen Sprechstunde, in denen ich meinen Patienten erklären musste, dass ein Attest ein rechtliches Dokument ist, das man nicht einfach aus Gefälligkeit ausstellen darf. »Das kriegt doch keiner mit«, war dann häufig die Antwort. Und dann ging die Diskussion wieder von vorne los, über Sinn und Unsinn von Bescheinigungen und die Strafbarkeit von Falsch-Attesten.

»Ich habe es überhaupt nicht verstanden«, entgegnete ich. »Wieso soll ich Ihnen denn etwas bescheinigen, das überhaupt nicht stimmt?«

»Aber es könnte doch stimmen.«

»Dazu müssten wir aber erst mal eine Schlafdiagnostik machen. Ich überweise Sie am besten in ein Schlaflabor.«

»Das brauche ich doch nicht. Ich habe doch kein Schlafsyndrom, oder wie das heißt.«

»Das heißt Schlafapnoesyndrom. Und wenn Sie keins haben, dann bekommen Sie auch kein ncPAP-Gerät – und kein Attest.«

»Mist.«

»Wieso denn? Mensch Mike, was ist denn los?«

»Also okay. Ich hab da Probleme mit meinem Stromversorger. Die haben mir den Strom abgedreht.«

»Weil Sie nicht bezahlt haben?«

»Genau. Aber wenn ich nun so ein Attest bringe, dass ich diese Beatmung brauche, dann können die mir doch nicht einfach den Strom abstellen. Das wäre dann doch Körperverletzung oder so, nicht wahr?«

»Und deshalb wollen Sie nun eine Bescheinigung über eine Erkrankung, die Sie gar nicht haben?«

»Ja.«

»Da muss es doch eine andere Lösung geben.«

»Ja. Geld. Aber das habe ich nicht.«

»Ein Attest kann ich Ihnen aber nicht geben, Mike.«

Herr Sturm war enttäuscht. »Bekomme ich wenigstens eine taktische Krankschreibung?«

»Was ist denn eine taktische Krankschreibung?«, wollte ich wissen. Oder vielleicht wollte ich es doch lieber nicht wissen.

»Na, eine Krankschreibung aus taktischen Gründen.«

»Die da wären?«

»Wenn ich bei meinem Chef krankgeschrieben bin, bekomme ich ja noch sechs Wochen weiter mein Geld. Und dann habe ich Zeit, nebenher was zu verdienen. Dann kann ich auch wieder meinen Strom bezahlen.«

»Mike, mir ist es lieber, wenn Sie jetzt gehen.«

»Sie schmeißen mich raus?«

»Ganz ehrlich: Ja!«

»Ohne Krankschreibung?«

»JA!«

Als ich Mike aus meinem Sprechzimmer geleitete,

fiel mir ein noch absurderer Fall ein, der mir ein paar Jahre zuvor untergekommen war. Ein recht fülliger Herr betrat meine Praxis und erzählte mir lang und breit von seiner tollen neuen Lebensversicherung. Das Problem war nur: Er war einfach zu dick, und die Versicherung weigerte sich, ihn aufzunehmen. Daher sein recht unkonventioneller Lösungsansatz: »Können Sie mir nicht eine Scheinschwangerschaft bescheinigen, Herr Doktor?« Das war wohl kaum zu toppen.

17

Entschuldigung, aber ich sterbe

Betroffen schaute ich von dem Arztbrief auf, der vor mir lag. Mir gegenüber saß Uwe Egger, ein hochgewachsener Mann Anfang fünfzig. Pankreaskarzinom – was für eine schreckliche Diagnose. Bauchspeicheldrüsenkrebs. Eine Diagnose, die ein normales Weiterleben unmöglich macht – wenn nicht sogar das Weiterleben insgesamt.

Ich fühlte mich in meine Studentenzeit zurückversetzt. In den Kurs »Breaking bad news«. Wie bringe ich meinem Patienten schlechte Nachrichten bei?

Im Studium hatte die Rolle des Patienten ein Schauspieler übernommen. Auf einem kleinen Blatt Papier stand eine kurze Zusammenfassung des Fall-Hintergrundes. Zum Beispiel: »Frau, 25 Jahre, ist nach einem Verkehrsunfall in der Rettungsstelle. Die Aufgabe: Der Arzt muss ihr beibringen, dass ihr Freund gerade seinen Verletzungen erlegen ist.«

Die Schauspielerin übernahm daraufhin die Rolle der jungen Frau und der Medizinstudent die des Arztes. Es war ein Kurs, der uns allen sehr nahe ging. Auch wenn es feste Regeln gab, wie Ärzte schlechte Nachrichten überbringen sollen, fühlten wir uns im Moment der Wahrheit doch oft alleingelassen. Und obwohl die Situation nur gespielt war, ging sie uns doch allen unter die Haut. Den Schauspielern und den Studenten.

Aber bereitete uns der Kurs wirklich auf das Leben als Arzt vor? Im hektischen Klinik-Alltag kam es mehr als einmal vor, dass das Gelernte in den Hintergrund trat und die Alltagsroutine übernahm. »Sie haben einen Tumor, es tut mir leid«, sollte dem Patienten niemals auf dem Flur mitgeteilt werden. Und dennoch passierte es immer wieder.

Zumindest saß ich mit Herrn Egger im Sprechzimmer und stand nicht auf dem Flur. Aber trotzdem fühlte ich mich schäbig. Ich sah meinen Patienten an. Gräuliche Haut, dunkle Augenringe. Man konnte unschwer erkennen, dass Uwe Egger in der letzten Zeit viel Gewicht verloren hatte. Waren seine Augen vielleicht sogar schon etwas gelblich geworden? Herr Egger lächelte mich schwach an. Ich versuchte, zurückzulächeln, aber es fühlte sich nicht echt an. Und so wirkte es wahrscheinlich auch nicht.

Ich blickte zurück auf den Arztbrief, als hoffte ich, dass sich die Diagnose zwischenzeitlich geändert hatte. Aber natürlich stand da noch immer unmissverständlich »Pankreaskarzinom, metastasiert«. Ich sah erneut hoch.

Wie es zu einem Pankreaskarzinom kommt, ist heute noch immer nicht ausreichend geklärt. Männer sind häufiger betroffen als Frauen, und es gibt ein familiär gehäuftes Auftreten. Eine Zuckerkrankheit sowie chronische Entzündungen der Bauchspeicheldrüse gelten als Risikofaktoren für die Entwicklung eines Bauchspeicheldrüsenkrebses. Aber auch häufiger Alkoholkonsum und Rauchen steigern die Wahrscheinlichkeit, daran zu erkranken. Diese Tumoren bilden frühzeitig Tochtergeschwülste und sind äußerst schwierig zu behandeln. Die Wahrscheinlichkeit, auch noch fünf Jahre nach der Erkennung eines Bauchspeicheldrüsenkrebses zu leben, beträgt nur ungefähr 5%. Bei unheilbaren Pankreaskarzinomen lebt der Patient nach der Diagnosestellung im Durchschnitt noch 6–9 Monate.

Herr Egger sah mir in die Augen. »Herr Doktor, ich sterbe. Aber lassen Sie sich davon mal nicht den Tag verderben.«

Was sollte ich darauf antworten? Mein Patient hatte mir soeben nicht nur die Last genommen, ihm eine todbringende Diagnose zu übermitteln. Er hatte außerdem noch Mitgefühl für meine Situation.

»Ich habe mir schon gedacht, dass ich schwer krank bin«, fuhr Uwe Egger fort. »Das ist schon okay. Ich habe mein Leben gelebt. Es war ein tolles Leben. Und das ist es immer noch. Aber auch der Tod gehört dazu. Für uns alle. Ich habe keine Angst davor. Mich ereilt es halt etwas früher, als mir die Statistik versprochen hatte. Aber so ist es nun mal mit Statistiken. Sie lügen immer.« Herr Egger grinste schief.

Gerade, als ich etwas erwidern wollte, wurde der Blick meines Patienten etwas trauriger. »Mir tut es nur wegen meiner Familie leid, Herr Doktor. Für die, die zurückbleiben, ist es viel schwerer. Wenn ich weg bin, bin ich weg. Aber die – die sind noch da. Ich möchte es ihnen jetzt noch nicht sagen. Geht das in Ordnung?«

Natürlich ging das in Ordnung. Als Arzt unterliege ich der Schweigepflicht, auch gegenüber Familienangehörigen.

»Aber irgendwann werden Sie es ihnen sagen müssen«, sagte ich.

»Alles zu seiner Zeit, Herr Doktor«, sagte Uwe Egger. »Es gibt für alles eine Zeit. Und die Zeit, von meiner Familie Abschied zu nehmen, ist für mich noch nicht gekommen. Aber ich werde es ihnen sagen. Selber. Versprochen.«

Das Lächeln von Herrn Egger fühlte sich gut an. Ich wusste, er hatte verstanden. Es bestand für mich keine Notwendigkeit, ihn weiter über sein Krebsleiden aufzuklären. Mein Patient kannte seine Diagnose und wusste, was sie für ihn bedeutete.

»Ich gebe Ihnen dann erst einmal eine Krankschreibung, damit Sie Zeit haben, alles Notwendige zu regeln.« Ich griff zum Stapel der Formulare.

Aber Herr Egger unterbrach mich: »Lassen Sie mal. Ich habe noch einiges auf der Arbeit zu tun. Ich möchte auch das vernünftig abschließen.«

Das war der Moment, in dem sich meine Augen mit Tränen füllten.

»Herr Doktor«, sagte Herr Egger, »das ist mein Krebs, nicht Ihrer. Ich habe doch schon gesagt: Lassen Sie sich dadurch nicht den Tag verderben.«

Wortlos schüttelte ich meinem großen Patienten die Hand. Wahrscheinlich würde ich ihn niemals wiedersehen. Ich hielt seine Hand etwas länger fest als üblich, als wollte ich ihm dafür danken, dass er gekommen war. Wir sahen uns an, nickten uns zu, und er verschwand.

Ich blieb alleine im meinem Sprechzimmer zurück, heftete Uwe Eggers Arztbrief in die Akte und klappte den Deckel zu. Wortlos betrachtete ich die Außenseite der gelben Patientenakte. »Uwe Egger, 52 Jahre. Verheiratet, ein Sohn, Kaufmann«, stand dort geschrieben. Kann man ein Menschenleben mit so wenigen Worten zusammenfassen? Ich nahm einen Stift vom Tisch und schrieb »großer Mann« auf die Akte, unterstrich das Wort »groß« zweimal und legte die Akte zurück auf den Stapel.

Das Unmögliche am Arztberuf ist, dass man sich häufig in einem emotionalen Wechselbad befindet. Man wird von tiefster Trauer in Momente größten Glücks getrieben. Oder in Momente, die, sagen wir mal, bestenfalls komisch sind.

»… und nun traue ich mich nicht mehr, mich meinem Mann nackt zu zeigen.«

»Wegen diesem kleinen Pickel am Bauch?«, fragte ich Lea Fischer ungläubig.

Meine Patientin hatte schamhaft ihr T-Shirt vor mir hochgezogen und zeigte auf einen kleinen Pickel an ihrem Bauch.

»Ja. Der glaubt doch bestimmt, ich bin fremdgegangen.« Die 28-Jährige war den Tränen nahe. Sie schob eine blonde Haarsträhne aus ihrem Gesicht.

»Das ist doch nur ein kleiner Pickel«, beruhigte ich sie. Da sind Bakterien in den Haarkanal gekommen, und der hat sich ein bisschen entzündet. Ich muss Ihnen nicht mal was dafür aufschreiben. Das geht von ganz alleine weg.«

Frau Fischer war weiterhin besorgt. »Können Sie mir nicht ein Attest schreiben? Dass ich nicht fremdgegangen bin?«

»Aber das weiß ich doch gar nicht«, erwiderte ich.

»Sehen Sie! Sie glauben mir also auch nicht. Was ist es denn? Tripper? Syphilis? Herpes? Ich kenn mich da nämlich auch ein bisschen aus, Herr Doktor. Ich habe gegoogelt.«

»Das ist ein Pickel. Eine Haarkanalentzündung.«

»Dann können Sie mir doch auch ein Attest schreiben, oder?«

»Frau Fischer. Sind Sie fremdgegangen?«

Lea ließ das T-Shirt wieder runter. Ihr Gesicht wurde rot. »Und das sieht man an dem Pickel? Wusste ich's doch!« Sie sah verzweifelt aus.

»Nun erzählen Sie mal.«

»Nur ein einziges Mal. Und er hat mich da unten noch nicht mal angefasst.« Lea zeigte auf ihren Bauch. »Er ist Spanier, wissen Sie?« Lea schaute verträumt.

»Aha.«

»Ich traf ihn beim Einkaufen im Supermarkt. Da hat er mich einfach von hinten umarmt und mir sanft ›Amore‹ ins Ohr gesäuselt…«

»›Amore‹ ist italienisch«, unterbrach ich sie.

»… und dann hat er mich sanft auf den Nacken geküsst.«

Die Geschichte wurde langsam spannend. »Und dann?«, wollte ich wissen.

»Und dann ist dieser Pickel am Bauch entstanden.«

»Sonst nichts?«

»Nein, nur dieser Pickel.«

»Ich meinte, da war nur der Kuss auf den Nacken. Sonst war nichts?«

»Natürlich nicht.« Lea pausierte kurz. »Sie glauben mir nicht, oder?«

»Doch, natürlich. Aber von einem Küsschen in den Nacken wächst kein Pickel auf dem Bauch.«

»Das wird mein Mann aber ganz anders sehen.«

»Haben Sie ihm denn von dem italienischen Spanier erzählt?«, wollte ich wissen.

»Natürlich nicht! Er wird es noch früh genug erfahren.«

»Was?«

»Wenn ich mit ihm durchbrenne.«

»Frau Fischer. Das ist nicht Ihr Ernst! Eben haben Sie noch Angst davor, dass Ihr Mann glauben könnte, Sie hätten sich eine Geschlechtskrankheit am Bauch eingefangen, obwohl gar nichts passiert ist! Sie kennen den Südländer unklarer Herkunft ja nicht mal näher. Das Einzige, was Sie verbindet, ist ein Küsschen auf den Nacken. Und jetzt planen Sie, Ihren Mann zu verlassen und mit dem Supermarkt-Gigolo durchzubrennen?«

»Das heißt, ich habe ganz sicher keine Geschlechtskrankheit?«

»Das Einzige, was Sie haben, ist ein supranasales Problem.«

»Wie bitte?«

»Ein Problem oberhalb Ihrer Nase.«

»Das verstehe ich nicht.«

»Lea, mit Verlaub, Sie spinnen.«

Normalerweise verwende ich nicht so deutliche Worte meinen Patienten gegenüber. Aber dieses Pickel-am-Bauch-ist-super-schlimm-Problem war für mich nach Herrn Eggers Schicksal kaum zu ertragen.

»Ich bekomme also kein Attest?«

»Nein!«

Lea Fischer verließ traurig und etwas wütend mein Sprechzimmer. Eine weitere Patientin, die ich wohl nicht wiedersehen würde.

18

Steinalt

»Ein Pickel am Bauch als Zeichen einer Geschlechtskrankheit?« Berti lachte. »Menschen gibt's.«

Wir waren wieder im Notdienst durch das nächtliche Berlin unterwegs.

»Das sage ich dir. Was macht eigentlich deine Geschäftsidee?«, wollte ich von meinem Fahrer wissen.

»Ach, frag nicht. Ist bislang nichts geworden«, sagte Berti enttäuscht.

»Erzähl mal.«

»Du kennst doch meinen Neffen, den Berti.«

»Nein, kenne ich nicht. Heißt der etwa auch Berti?«

»Ja, der heißt auch Berti.«

»Komisch. Aber egal, erzähl weiter.«

»Also Berti, mein Neffe, ist ein begnadeter Zeichner. Und dabei ist der erst acht Jahre alt. Und Berti hat so einen Schneemann gezeichnet. Mit einer Banane als Nase.«

»Du meinst Mohrrübe«, sagte ich.

»Nein. Eine Banane. Und der Schneemann ist echt

süß. Und deshalb bin ich zum Berti gegangen und hab ihm die Lizenz für den Schneemann abgekauft.«

»Du hast deinem achtjährigen Neffen die Lizenz für einen Schneemann mit Bananennase abgekauft?«, fragte ich.

»Ja, wieso?«

»Was hast du denn dafür bezahlt?«

»Einen Eisbecher.«

»Na, das ist doch ein Schnäppchen«, lachte ich. »Und was hast du dann gemacht?«

»Dann hab ich die Zeichnungen von Berti genommen und bin damit zu unserem Spielwarenladen an der Ecke gegangen. Ich habe den Besitzer gefragt, ob er Interesse an Stofftieren in Form dieses Schneemanns hätte.«

»Lass mich raten: Er hatte kein Interesse.«

»Doch!«, rief Berti. »Sehr großes Interesse. Er hatte sogar Kontakte zu einem Großhändler, der auch selber Stofftiere herstellen lässt. Und die hatten auch Interesse.«

»Na, das klingt doch großartig«, sagte ich.

»Nichts ist großartig. Ich habe plötzlich Post von einem Patentanwalt bekommen. Anscheinend gibt es irgendwo in Asien schon so einen Schneemann mit Bananennase. Und mein verzogener Neffe hat den nur von irgendeiner Frühstücksflocken-Packung abgemalt. Und meine Investition bekomme ich nun nicht mehr zurück.«

»Den Eisbecher?«

Berti schwieg.

»Berti. Den Eisbecher wirst du doch verkraften können, oder?«

»Ach, darum geht's doch nicht, Doc. Ich hatte echt

Hoffnung in den Schneemann gesetzt. Du weißt doch, ich will nicht für immer Notdienstfahrer sein.«

»Du bekommst noch deine Chance, ganz sicher.«

Die nächsten Minuten fuhren wir schweigend durch das dunkle Berlin.

Natürlich begleitete mich Berti zu meinem nächsten Patienten, der uns bereits an der Tür erwartete.

»Osterhagen, Alexander«, sagte dieser zackig. »75 Jahre, Bauchschmerzen.«

»Hoppla«, rief Berti. »Sind wir hier beim Militär.«

»Leider nicht«, entgegnete Herr Osterhagen. »Wer von Ihnen beiden ist der Arzt?«

»Ich«, antwortete ich schnell.

Herr Osterhagen musterte mich von oben bis unten. »Gut so. Haben Sie gedient?«

Da ich in West-Berlin geboren wurde, war ich nicht bei der Bundeswehr gewesen.

»Nein«, antwortete ich wahrheitsgemäß. Herr Osterhagen sah mich mit seinen wasserblauen Augen an.

»Warum nicht?«, wollte er wissen.

»Ich komme aus Berlin, und…«

»Das ist doch keine Entschuldigung!«

»Ich habe Zivildienst geleistet«, unterbrach ihn Berti.

Osterhagen drehte sich langsam zu Berti um und sagte kein Wort. Er schaute ihn nur an und schwieg.

»Ich mein ja nur…«, stammelte Berti.

»Mit Ihnen habe ich nicht gesprochen«, sagte mein Patient. »Reden Sie immer dazwischen?«

»Nein, natürlich nicht«, sagte Berti.

»Dann seien Sie still.« Osterhagen drehte sich wieder zu mir. »Ich habe Bauchschmerzen. Können Sie mir da wenigstens helfen?«

»Ich müsste mir das mal anschauen.« Irgendwie schüchterte mich Alexander Osterhagen ein. Es war unschwer zu erkennen, dass mein Patient ein Militär-Fanatiker war. Ich fühlte mich in seiner Gegenwart unwohl.

»Waren Sie bei der Bundeswehr?«, wollte ich wissen.

»Ich bin Soldat«, antwortete Osterhagen.

»Also bei der Bundeswehr.«

»Söldner.«

»Wo genau tut es denn weh?«, fragte ich.

»Hier.« Herr Osterhagen zeigte auf die Mitte des oberen Bauches.

»Können Sie sich bitte mal auf die Couch legen, damit ich Sie untersuchen kann?«

Nachdem sich Herr Osterhagen hingelegt hatte, fiel mir bereits durch die Hose eine große Schwellung in der rechten Leistenbeuge auf. Schwellungen der Leiste können beispielsweise von einem Leistenbruch stammen. Aber diese Schwellung sah nicht wie ein Bruch aus. Es war keine einzelne Schwellung, sondern viele kleine Schwellungen, die miteinander verwachsen schienen. Lymphknoten, dachte ich. Und Lymphknoten, die man in der Leiste mit bloßem Auge sehen kann, sind nie ein gutes Zeichen. Ich befürchtete einen Tumor, der die Lymphknotenschwellung hervorgerufen hatte und sicherlich auch für den Bauchschmerz meines Patienten verantwortlich war.

Lymphknoten sind die Filterstationen unseres Körpers. In ihnen sitzen Zellen der Immunabwehr. Lymphknoten vergrößern sich bei Infektionen, aber auch bei bösartigen Erkrankungen. Bei den sogenannten Lymphknotenmetastasen findet man Tochtergeschwülste von Tumoren in den Lymphknoten der Region, an dem der Krebs aufgetreten ist. Die Knoten sind dann geschwollen und teilweise mit der Umgebung verwachsen.

»Entschuldigen Sie bitte«, sagte ich und griff in Richtung Leistenbeuge.

»Finger weg«, schrie mich Herr Osterhagen an.

»Ich muss Sie doch untersuchen. Sie können gern auch erst mal die Hose anlassen.«

»Es geht nicht um die Hose. Es geht um die Steine.«

Ich verstand nicht. »Welche Steine?«

»Die Steine in meiner Hose, junger Mann.«

»Sie haben Steine in der Hose?«

»Ja können Sie das denn nicht sehen? Sind Sie blind?« Herr Osterhagen zeigte auf die Schwellung der rechten Leistenbeuge. »Das sind Glückssteine, die bekämpfen meinen Bauchschmerz. Aus Afrika.«

Berti winkte mit der Hand vor seiner Stirn, als Zeichen, dass der Herr nicht alle Tassen im Schrank hatte.

»Das habe ich gesehen«, fuhr Herr Osterhagen ihn an. »Was bilden Sie sich eigentlich ein? Wegtreten!«

Berti schreckte einen Schritt zurück.

»Ich verstehe immer noch nicht«, begann ich erneut. »Wieso haben Sie einen Haufen Steine in der Hose?«

»Das sind nicht irgendwelche Steine. Die habe ich von einem Einsatz auf Afrika mitgebracht. Hat mir der örtliche Schamane geschenkt. Es sind Glückssteine. Und gut gegen Schmerzen. Und deshalb habe ich sie mir in die Unterhose gesteckt. Gegen meine Bauchschmerzen.« Herr Osterhagen zitterte vor Aufregung.

»Okay. Dann untersuche ich jetzt Ihren Bauch.«

»Aber nicht die Steine anfassen.«

»Nein, nein, ich passe auf.«

Während ich den Patienten untersuchte, bemerkte ich, wie kaltschweißig er war. Herr Osterhagen zitterte am ganzen Körper.

»Ist Ihnen kalt?«, fragte ich.

»Unsinn. Ein deutscher Mann friert nicht. Er schüttelt sich warm«, antwortete er.

»Frieren kann ein Zeichen von Fieber sein«, erklärte ich ihm.

»Das ist kein Fieber. Ich hatte schon Fieber in meinem Leben, das wollen Sie gar nicht wissen. In Schwarzafrika zum Beispiel …«

»Ich nahm ein Ohrthermometer aus meiner Tasche und steckte es meinem Patienten ins Ohr.

»Was machen Sie da? Mit tut mein verdammter Bauch weh und nicht mein Ohr. Wo haben Sie denn studiert?«

»Ich messe Ihre Körpertemperatur.« 41° Celsius. Herr Osterhagen glühte. »Sie haben Fieber.«

»Es fühlt sich aber nicht so an. Mir tut nur der Bauch weh.«

»Ungefähr hier?«, fragte ich ihn, als ich auf den rechten Oberbauch drückte.

Der Patient schrie kurz auf, biss sich aber auf die Lippe und sagte: »Ein wenig.«

»Herr Osterhagen. Ich muss Sie in ein Krankenhaus einweisen. Ich weiß auch nicht genau, was Sie haben, aber Ihr Bauch ist auf jeden Fall krank. Vielleicht ist es die Galle.«

»Niemals gehe ich in ein Krankenhaus. Lieber sterbe ich.«

»Das werden Sie auch, wenn ich Sie nicht einweisen darf.«

Herr Osterhagen sah mich an. »Ich habe Kriege überlebt, ich habe die Rebellen überlebt. Ich habe sogar einen Durchschuss überlebt. Genau hier.« Er zeigte auf seinen linken Oberschenkel. »Dann werde ich doch auch diesen verdammten Bauchschmerz überleben.«

»Das werden Sie. Aber nur, wenn Sie in ein Krankenhaus gehen.«

»Niemals!«

»Jetzt stellen Sie sich nicht so an«, mischte sich Berti ein. »Was sind Sie für ein Soldat, wenn Sie Angst vor dem Lazarett haben? Sind Sie eine verdammte Frau?«

Ich schaute Berti überrascht an. Aber mein Fahrer schien den richtigen Ton erwischt zu haben. Herr Osterhagen blickte zu Berti, dann zu mir und sagte: »In Ordnung. Wann geht's los?«

»Jetzt«, sagte ich mit anerkennendem Blick zu Berti. »Ich hole den Rettungswagen.«

»Ich hätte mir wirklich gewünscht, dass es mit dem Schneemann klappt«, sagte ich zu Berti, als wir wieder im Auto saßen.

»Ich mir auch.«

»Du bist aber auch ein toller Notdienstfahrer. Das wollte ich dir immer schon mal sagen. Und ich finde es auch gut, dass du zu den Patienten mit reinkommst. Das hilft oft.«

»Danke.«

»Du wirst auch noch deine Chance bekommen, da bin ich mir sicher.«

»Meinst du?«, fragte Berti.

»Ganz sicher. Gib nicht auf. Irgendwann kommt auch deine Bananen-Schneemann-Chance.« Berti und ich lachten. Es tat gut, im Notdienst nicht alleine zu sein.

19

Halt-Stopp

Ich hasste es, wenn der Tag so begann. Eine lange Schlange vor dem Anmeldetresen, das Wartezimmer zum Brechen voll und eine Stimmung unter den Patienten wie bei den Passagieren der Titanic, kurz nach der Kollision mit dem Eisberg. Nur ohne Orchester, das auch beim Untergang weiterspielte.

Michaela und Christine hatten alle Hände voll zu tun, den Ansturm der Patienten zu bewältigen.

»Grippe-Saison«, lächelte Christine mir zu. Ich wusste auch nicht, woher sie dieses Lächeln zauberte. Am Ohr den Telefonhörer, beide Hände an der Computertastatur und den Blick auf eine ältere Patientin gerichtet, die gerade ohne Taschentuch in Richtung Tresen nieste.

»Oder die neue *Bunte*«, lachte Achim, der Zeitungsbote, der einmal pro Woche die Wartezimmerlektüre brachte und gerade verzweifelt versuchte, sich an der Schlange der Wartenden vorbeizudrängeln. »Gib's doch zu, Doc«, scherzte er, »die kommen doch alle nur, um kostenlos die *Bunte* bei dir zu lesen.«

»Kann schon sein«, antwortete ich grinsend und verschwand in meinem Sprechzimmer.

Es ist schon erstaunlich, welche Ruhe im Sprechzimmer herrscht, obwohl im Wartezimmer und an der Anmeldung die Welt zusammenbricht.

Ich setzte mich an den Schreibtisch und schaltete den Computer mit der Praxissoftware an. Eine Funktion des Programms war das elektronische Wartezimmer. In einem Programmfenster konnte man die Liste der Patienten sehen, die im Wartezimmer waren. Fein säuberlich aufgereiht, mit Namen, Ankunftszeit, aktueller Wartezeit und einem kleinen Notizfeld, das eifrig von meinen Helferinnen gefüllt wurde. Mein Blick schweifte über die Namen, die sich bereits in der Liste befanden.

Helena Müller, Wartezeit 32 Minuten – Kopfschmerzen

Markus Heberdehn, Wartezeit 26 Minuten – Fühlt sich nicht gut, braucht Krankschreibung

Franziska Fink, Wartezeit 7 Minuten – NIMM DIR ZEIT!!!

...

Ich schluckte. Wenn Christine bei vollem Wartezimmer und Land-Unter am Tresen in der Patientenliste »nimm dir Zeit« vermerkte, dann musste es wirklich wichtig sein. Normalerweise wünschen sich an so einem Tag die Helferinnen, dass ich mir keine Zeit nehme, sondern möglichst viele Patienten in möglichst kurzer Zeit behandle. Sonst droht der Tresen-Infarkt.

Ich entschied, Franziska als Erstes aufzurufen. Der Kopfschmerz und das Unwohlsein-will-zu-Hause-Bleiben mussten etwas warten.

»Frau Fink bitte«, rief ich laut in Richtung Wartezimmer.

Aber nicht Franziska erschien, sondern ihr Mann Uwe.

»Hallo, Herr Fink«, begrüßte ich ihn. »Ich hatte eigentlich Ihre Frau erwartet.«

»Franziska ist gestern gestorben.«

Es fühlte sich an, als würde mir jemand mit eiskalter Hand die Kehle zudrücken.

»Wie bitte?«, fragte ich, als hätte ich den Satz nicht verstanden. Ich hatte ihn zwar gehört, konnte aber den Inhalt der Worte nicht begreifen.

»Sie ist gestern gestorben, Herr Doktor.« Uwes Augen waren voller Tränen, als er sich zu mir an den Tisch setzte. »Es ging alles plötzlich sehr schnell.«

Ich wusste nicht, was ich sagen sollte. Mir war klar gewesen, dass Franziska ihre Krankheit nicht besiegen konnte. Aber irgendwie hatte ich immer die Hoffnung bewahrt, dass die junge Mutter es trotzdem schaffen würde. Dass sie dem Tod ein Schnippchen schlägt. Dass gerade sie die Ausnahme der grausamen Statistik sein würde, jenseits der Gauß'schen Normalverteilung der Fünf-Jahres-Überlebenskurven.

Was entgegnet man einem jungen Mann, der gerade seine Frau verloren hat? Franziska war so stark gewesen. Bei unserem letzten Treffen am Seelensee war es Franziska gewesen, die *mir* Kraft gegeben hatte. Sie war meine Patientin, die mich aus meiner lächerlichen depressiven Episode befreit hatte. Und ich hatte mich nicht einmal dafür bei ihr bedankt.

»Uwe, es tut mir so unendlich leid«, stammelte ich.

Es war sicherlich nicht das Beste, was man sagen konnte. Und ich war auch nicht der erste Mensch, der diese Worte ausgesprochen hatte. Aber der Satz kam tief aus meiner Seele. Und ich meinte jedes Wort. Wahrscheinlich sind es in solchen Situationen auch nicht die Worte an sich, die den Sinn eines Satzes transportieren, sondern das Gefühl, das in ihnen liegt. Die Worte selber sind nur Träger wie die Faserstoffe eines Salatblattes als Bindemittel für die Nährstoffe darin. Mitgefühl drückt sich nicht in den einzelnen Worten aus, Gefühle sind feinstofflich.

Uwe spürte mein Gefühl. »Danke«, sagte er aufrichtig. »Franziska wollte, dass ich Ihnen das hier gebe.« Uwe Fink griff in seine Jackentasche und holte einen Zettel heraus. »Sie hat Ihnen einen Brief geschrieben. Eigentlich wollte sie selber noch vorbeikommen, aber sie war zu schwach. Außerdem waren Sie in letzter Zeit häufig nicht da.«

Ich fühlte einen Stich in meiner Herzgegend. Während ich beim Baby-Yoga und Pool-Nudel-Schwimmen versuchte, meine Ehe zu kitten, starb meine Patientin und hatte keine Chance, sich von mir zu verabschieden. Medizinisch war Franziska zu jedem Zeitpunkt versorgt gewesen. Ihr Onkologe, der sich um die Krebserkrankung gekümmert hatte, war jeden Tag bei ihr gewesen und hatte Übelkeit und Schmerzen bekämpft. Aber für Franziska war der Hausarzt wichtig gewesen. Das hatte sie mir am Seelensee selber gesagt. Und ihr Hausarzt war nicht für sie da. Ich schämte mich.

Uwe hatte anscheinend gesehen, wie peinlich mir die Situation war. »So meinte ich das nicht«, beeilte er sich zu sagen. »Sie haben ja viel um die Ohren. Aber Franziska wollte Ihnen doch noch danken. Und deshalb hat sie diesen Brief geschrieben. Lesen Sie ihn in

Ruhe, ich weiß auch nicht, was drinsteht. Aber es war ihr wichtig.«

Und nachdem Uwe das Sprechzimmer verlassen hatte, lehnte ich mich in meinem Stuhl zurück und las Franziskas letzten Brief. Es war mir egal, ob das Wartezimmer vor Patienten überquoll. Es war mir auch egal, ob Christine und Michaela den Tresen wie die letzte Festung kurz vor dem Untergang verteidigen mussten.

Lieber Doktor,

›Halt-Stopp‹ ist vielleicht gar keine so schlechte Idee. Als ich Sie am Seelensee getroffen hatte und Sie so laut ›Halt-Stopp‹ riefen, wusste ich damit erst gar nichts anzufangen. Ich dachte, Sie meinten mich, und wollten nicht, dass ich mich Ihnen nähere. Danke, dass es nicht so war. Danke, dass ich mich Ihnen nähern durfte.

Ich habe lange über unser Gespräch am See nachgedacht. Als Sie mir kurz vor Weihnachten meine Diagnose sagen mussten, dachte ich, ich würde in einen endlosen Strudel gerissen. Mein Leben war doch so perfekt, jetzt, nachdem meine kleine Tochter geboren war. Und diese furchtbare Diagnose sollte das nun alles beenden?

Leonies Geburt war für mich der Beginn eines neuen Lebens. Nicht nur Leonies Leben – auch meines. Alles drehte sich ab sofort um meine Tochter und um meine Familie. Es war, als hätte es keine Zeit davor gegeben. Und das war ein gutes Gefühl. So friedlich. Alle Aufregungen, alle Fehler der Vergangenheit waren unwichtig, jetzt, nachdem Leonie geboren war. Aber der Krebs sollte meine Zukunft mit meiner Familie beenden. Das wusste ich vom ersten Tag der

Diagnose an. Meine Familie würde ohne mich weiterleben müssen – weiterleben dürfen. Ich hatte mich doch so darauf gefreut, Leonie wachsen zu sehen. Auf ihrem Weg zu einem selbstständigen Menschen. Ein bisschen Mama, ein bisschen Papa und ganz viel Liebe. Aber Leonie wird auch ohne mich zu einem ganz besonderen Menschen heranwachsen – das weiß ich.

Aber genau so, wie Leonie ›Halt-Stopp‹ in mein altes Leben gerufen hatte, genau so hat der Krebs mir ›Halt-Stopp‹ zugerufen. Ich hatte es nur nicht gehört. Aber an dem Tag am Seelensee hörte ich es plötzlich. Da wurde mir bewusst, dass unser Leben uns immer wieder ›Halt-Stopp‹ zuruft, dass wir es nur nicht wahrhaben wollen. Und am Seelensee kehrte in meinem Herzen Frieden ein. Ich traute mich endlich loszulassen.

Ich weiß, meine Familie wird ohne mich weitermachen können. Leonie wird mich für immer in ihrem Herzen tragen, weil ihr Vater endlos viele Geschichten über mich erzählen wird. Und auch ich werde Leonie für immer bei mir haben, wohin ich auch gehen werde.

Ich glaube nicht an ein Leben nach dem Tod. Aber ich glaube trotzdem, dass wir nicht völlig verschwinden. Und wenn meine Gefühle, meine Gedanken und meine Liebe auch nur als sanfter Hauch in Leonie weiterleben, dann hat sich das alles hier gelohnt.

Wäre es nicht schön, wenn wir nicht sterben müssten, sondern einfach wieder jünger werden würden? Alle Schmerzen würden von uns abfallen. Wir könnten die Welt wieder spielerisch und sorgen-

frei sehen, und der Zauber der Wunder unserer Kindheit könnte uns erneut ergreifen. Und am Ende unseres Lebens würden nicht Abschied und Schmerz stehen, sondern wir würden einfach in Liebe aufgehen – und von uns bliebe nur ein Funkeln im Auge unserer Eltern übrig.

Aber das Leben ist nicht so, das weiß ich. Also musste ich lernen, mit dem Abschied und dem Schmerz umzugehen. Und Ihr ›Halt-Stopp‹ hat mir dabei geholfen. Und dafür wollte ich Ihnen danken.

Ihr Patientin
Franziska Fink

Ich legte den Brief vor mich auf den Tisch, nahm meine Jacke und ging aus meiner Praxis hinaus. An allen wartenden Patienten vorbei, und die verwunderten Blicke prallten an mir ab. Ich hörte noch die Stimmen meiner Helferinnen, die wohl wissen wollten, wohin ich gehe. Aber ich drehte mich nicht um, sondern stieg auf mein Rad und fuhr ohne anzuhalten zum Waldsee – zu Franziskas Seelensee.

Die Stille und der Frieden des Sees nahmen mich sofort gefangen. Ich verstand, weshalb Franziska sich gerade diesen Platz ausgesucht hatte. Und vielleicht war auch ein Stückchen ihrer Seele in dem See vorhanden. So wie bei einem homöopathischen Medikament kein Wirkstoff mehr in der Lösung vorhanden ist, die Energie des Ursprungsstoffes allerdings dennoch wirken soll, so könnte es doch sein, dass ein bisschen Franziska in diesem See enthalten ist. Dass etwas von ihrer Seele in das Wasser des Waldsees übergegangen ist. Oder in die Enten am Ufer. Oder in mich.

Franziska hatte auf jeden Fall Spuren in mir hinterlassen, merkte ich. Und sie hatte mein Leben ein winziges Stückchen verändert. Und wenn sich mein eigenes Verhalten durch die Begegnungen mit der jungen Frau auch nur um einen Bruchteil verändert hatte, so werden über die Jahre meines Lebens hinweg die Auswirkungen enorm sein. Franziska wird auch in mir weiterleben.

20

Miss Piggys Tochter

Ich musste mich mit Joanna versöhnen. Unser Leben ist zu kurz für Streitereien. Also fuhr ich vom Seelensee nicht zurück in die Praxis, sondern nach Hause in unsere Wohnung.

»Wie, du kommst nicht mehr in die Praxis?«, fragte mich Michaela entsetzt, als ich sie vom Handy aus anrief. »Die Bude ist voll, die warten hier alle auf dich.«

»Ich kann nicht«, sagte ich. »Mir geht es nicht gut. Ich brauche mal einen Tag für mich alleine.«

»Wie stellst du dir das vor? Soll ich die Patienten alle nach Hause schicken?«

»Ja bitte, gute Idee.«

»Sehr witzig.«

»Michaela, dem Doktor kann es auch mal schlecht gehen. Und heute ist so ein Tag. Morgen bin ich wieder da, versprochen.«

Doch da irrte ich mich.

Als ich die Wohnungstür aufschloss, wusste ich gleich, dass niemand zu Hause war. Die Luft war abgestanden, und es war totenstill. Trotzdem rief ich: »Joanna? Wo bist du?«

»Die sind nicht da.« Im Treppenhaus hinter mir stand unsere Nachbarin. Eine ältere Dame in bunter Kittelschürze. »Die sind zur See gefahren.«

»Wie bitte?«, fragte ich.

»Die junge Frau Doktor ist mit dem Kind zur See. Ich dachte, Sie wüssten das und sind auch mitgefahren. Sie sind doch der Ehemann.« Unsere Nachbarin sah mich vorwurfsvoll an.

»Ja, das wusste ich«, log ich.

»Warum schreien Sie dann so nach ihr?«, wollte sie wissen. Auf frischer Tat ertappt. Ich verstand nie, wie Menschen Lügengeschichten über Jahre hinweg aufrechterhalten können. Ich konnte nicht einmal eine Minute lang überzeugend flunkern.

»Ich hatte es nur vergessen.«

»Sie hatten vergessen, dass Ihre Frau mit Ihnen zur See gefahren ist?«

»Ich bin ja nicht mitgefahren.«

»Das sehe ich. Sonst würden Sie hier ja nicht hier rumstehen.« Unsere Nachbarin musterte mich von oben bis unten. »Haben Sie sich gestritten?«

»Nein.«

»Ist doch nicht schlimm. Ich habe mich mit Erwin auch immer gestritten. Aber in den Urlaub, da sind wir immer gemeinsam gefahren.«

»Wissen Sie zufällig, wohin meine Frau genau gefahren ist?«

»Sie haben auch vergessen, wohin Sie fahren wollten?«

»Ja!«, rief ich nun etwas lauter.

»Schreien Sie mich mal nicht so an. Ich bin ja nicht schwerhörig. Ich bin nur alt. Aber hören kann ich noch erstaunlich gut. Nur mit dem Sehen klappt's nicht mehr ganz so gut wie früher. Gerade beim Lesen ...«

»Wohin ist meine Frau gefahren?« Meine Nerven lagen blank.

»Herr Gott, an die Nordsee halt. Sie sagte, sie wollte schauen, ob man die Qualle noch retten kann. Komisch manchmal, Ihre Frau.« Unsere Nachbarin schüttelte den Kopf.

»Das ist gar nicht komisch«, sagte ich. Ich umarmte die alte Frau. »Danke!«, rief ich, schlug die Tür unserer Wohnung zu und rannte die Treppe runter.

Das Problem, dass ich mit langen Bahnfahrten habe, ist nicht die Dauer der Fahrt oder die unbequemen Sitze, sondern die Gesellschaft im Zugabteil. Während die Landschaft an einem vorübergleitet, sind die Gespräche unter den Reisenden häufig nicht so flüchtig.

Leider hatten die beiden Damen in meinem Abteil mitbekommen, dass ich Arzt war. Ich konnte diesen Umstand nicht verbergen, musste ich doch meinen Helferinnen telefonisch mitteilen, dass ich auch morgen nicht in der Sprechstunde sein würde, da ich bereits im Zug Richtung Nordsee unterwegs war.

»Sie sind also Arzt?«, fragte die dicke blonde Frau, die mir direkt gegenübersaß. Sie sah aus wie der Nachwuchs, der entstanden wäre, hätte Miss Piggy aus der Muppet-Show Kermit, den Frosch, tatsächlich verführen können. Sie war dick, hatte eine große platte Nase, keinen Hals und war ganz in Rosa gekleidet. Nur die langen Finger passten nicht zu ihr. Hätte sie Schwimmhäute gehabt, müsste Kermit auch ohne Vaterschaftstest lebenslang Alimente zahlen.

»Ja«, antwortete ich etwas lustlos und hoffte, das aufkeimende Gespräch zu ersticken. Vergebens.

»Das ist ja toll«, freute sich Miss Piggys Tochter. »Mein Arzt hat immer keine Zeit für mich, so voll ist die Sprechstunde. Aber wir haben jetzt ja richtig viel Zeit, hier im Zug.«

Ich überlegte, den Rest der Strecke Berlin-Sylt zu Fuß zu gehen. Da ich aber noch vor Eintritt ins Rentenalter meiner Frau in die Augen schauen wollte, schluckte ich im wahrsten Sinne des Wortes die Kröte und sagte: »Toll, nicht wahr?«

»Sie müssen schon ein bisschen lauter reden, junger Mann. Ich verstehe sonst nichts«, rief die zweite Dame unseres Abteils dazwischen. Wenn die erste Frau eine Kreuzung aus Miss Piggy und Kermit war, dann sah die zweite Frau aus wie die Hexe aus dem Disney-Zeichentrickfilm *Schneewittchen*. Nur älter. »Ich habe nämlich nur Krankenkassenohren«, sagte sie.

»Was sind denn Krankenkassenohren«, wollte ich wissen.

»Na, Ohren mit Hörgeräten von der AOK«, lachte sie.

»Das finde ich aber gar nicht komisch«, sagte Miss Piggy. »Man bekommt heute ja gar nichts mehr auf Kassenkosten. Ich hab ja Rheuma, nicht wahr? Fibromyalgie, genau genommen. Und für jede Spritze bei meinem Orthopäden muss ich extra zahlen. Ich kann doch auch nichts dafür, dass ich Fibro-krank bin.«

»Wie bitte?«, sagte Schneewittchens Hexe.

»Fibro-krank!«, rief Fräulein Piggy.

Ich steckte mir meine iPod-Kopfhörer in die Ohren, musste sie aber gleich wieder rausnehmen, da mich Miss Piggy nun am Knie anfasste. »Ist das nicht unglaublich, für jede Spritze muss ich zahlen.«

»Was ist denn Fibro-krank?«, fragte die Hexe.

»Das ist, wenn Ihnen alles wehtut. Als wenn man mit einem Messer hier so reinsticht.« Und dabei haute sie mir auf den Oberschenkel. »Nicht wahr, Herr Doktor?«

»Ja«, sagte ich und steckte mir wieder die Kopfhörer in die Ohren. Aber zum Einschalten kam ich nicht.

»Es ist ja nicht so, als hätte ich nur Fibromyalgie«, rief Miss Piggy nun lauter. Ich nahm die Kopfhörer wieder aus den Ohren. »Ich habe auch Neurodermitis. Schaun Sie mal.«

Sie streckte mir ihre Hand entgegen, und in der Tat sah ich eine krustige Rötung zwischen den Fingern.

»Ist aber schon besser geworden. Und wollen Sie wissen, wodurch?«

Nein, wollte ich nicht.

»Durch einen Rinderknochen«, erklärte sie ungefragt.

»Wie bitte?«, rief Schneewittchens Hexe.

»Durch einen Rinderknochen!«, schrie die Schweine-Dame.

»Wie geht denn das?«, wollte ich nun wissen, jetzt war ich doch neugierig geworden.

»Das habe ich im Internet gelesen. Bei Google.« Die Muppets-Show ist im modernen Zeitalter angekommen, dachte ich. »Da stand, man soll einen Knochen über die Schulter schmeißen und sich ganz doll wünschen, dass die Neurodermitis besser wird.«

Neurodermitis ist eine Hautkrankheit, bei der das Immunsystem eine ganz entscheidende Rolle spielt. Und unser Immunsystem kann durch Gedanken und Gefühle beeinflusst werden. Allseits bekannt ist beispielsweise der Lippenherpes, der nach stressigen Situationen aufflammt. Aber nicht nur Stress kann unser Immunsystem schwächen, auch der Glauben an eine Heilung kann Immunprozesse in Gang setzen, die letztendlich eine Wirkung im Körper hervorrufen.

»Und? Hat's geklappt«, wollte die Hexe wissen.

»Na sehn Sie doch!« Miss Piggy streckte ihr die langen Finger rüber.

»Igitt!«, rief die Hexe. »Das ist ja ekelhaft!«

»Ist aber schon viel besser, seit ich den Knochen geworfen habe.«

»Vielleicht sollten Sie lieber ein ganzes Rind über die Schulter werfen«, schlug die Schneewittchen-Frau vor.

»Nun seien Sie mal nicht komisch«, sagte Miss Piggy eingeschnappt. »Können Sie sich vorstellen, dass das wirkt, das mit dem Knochen?«, fragte sie mich.

»Nun ja«, zögerte ich. »Warzen kann man ja auch besprechen. Das Immunsystem kann durch den Glauben …«

»Das ist doch alles Quatsch«, unterbrach mich die Hexe. »Kortison hilft. Das ist das Einzige.«

»Kortison?«, rief Miss Piggy schrill. »Niemals. Teufelszeug. Davon habe ich mal zehn Kilo zugenommen. Sehen Sie mal hier …«

Aber ich war schon aus dem Abteil raus und verbrachte die restliche Zeit im Speisewagen. Damit ich meinen Tisch nicht verlassen musste, aß ich zuerst den Kartoffeleintopf mit Pfifferlingen und Schinkenwürfeln, dann sechs Nürnberger Rostbratwürstchen, die Königsberger Klopse mit Kapernsauce auf Butterreis und schließlich den deftigen Brotzeitteller mit gekochtem Schinken und Schnittkäse mit Brot, Brötchen und Butter. Mit einem flauen Gefühl im Magen kam ich auf Sylt an. Und daran war nicht nur die Aufregung vor dem Treffen mit meiner Frau schuld.

Joanna saß in den Dünen an genau der Stelle, an der wir damals auf das Meer geschaut hatten, als sie mir sagte, dass ich ihr wichtig sei.

Neben ihr lag im Maxi-Cosi unsere Tochter Lilli und schlief, dick eingepackt in eine Vielzahl von Decken und Tüchern. Es schien zwar die Sonne, aber es war noch immer kühl.

Ich setzte mich neben meine Frau und schwieg. Joanna schien nicht überrascht zu sein, dass ich gekommen war. Wir schauten auf das Meer und die Wellen und den Horizont und brauchten nichts zu sagen, und trotzdem verstanden wir uns.

Nach einiger Zeit beendete ich das Schweigen. »Und? Konntest du die Qualle retten?«

»Ich glaube schon«, lächelte Joanna.

»Es tut mir leid«, sagte ich.

»Mir auch«, flüsterte Joanna.

»War alles etwas viel in letzter Zeit.«

»Das stimmt.« Joanna nahm meine Hand. »Schön, dass du gekommen bist.«

»Das finde ich auch. Wie geht es Lilli?«

»Prima. Die Seeluft tut ihr gut.«

»Du, es tut mir leid, dass ich in letzter Zeit nicht so

oft bei euch war«, fing ich an. »Und dass ich dich nicht in die Entscheidung mit Doktor Bach einbezogen habe. Ich wünschte, ich könnte mehr Zeit mit euch verbringen. Aber die Praxis braucht mich auch.«

»Das weiß ich doch«, sagte Joanna. »Und das verstehe ich auch. Aber ich möchte auch für dich da sein. So wie du für uns da sein möchtest. Und dazu müssen wir offen und ehrlich miteinander sein. Weißt du noch damals, als wir hier an dieser Stelle Quallen ins Meer zurückgebracht haben? Du hattest erst gar nicht verstanden, warum mir das so wichtig war, aber hast trotzdem mitgemacht. Und das liebe ich an dir. Auch wenn du etwas nicht ganz verstehst, lässt du dich darauf ein und versuchst es erst mal – das Verstehen kommt dann vielleicht später. Oder auch nicht. Aber zumindest versuchst du es. Und ich dachte, mit deiner Praxis wäre das genauso. Ich weiß, es ist ein Problem für dich, nur Hausarzt zu sein. Du verstehst noch nicht, warum ein Allgemeinmediziner für seine Patienten wichtig ist. Und du schaust zu deinen Kollegen auf – den Chirurgen, Neurologen oder Kardiologen –, als seien sie etwas Besseres. Und trotzdem hast du diese Praxis gegründet. Ich dachte, irgendwann würdest du schon dahinterkommen, warum die kleinen Hausarztpraxen für die Menschen wichtig sind. Kannst du jetzt verstehen, warum es mich traurig macht, zu sehen, dass du in Doktor Bachs Mega-Zentrum wechseln möchtest?«

Ich dachte an Franziska und all die Patienten, die ich jeden Tag sehe. Joanna hatte recht. Der Hausarzt war wichtig für die Menschen. Es gibt eine Medizin jenseits der Facharzt-Medizin, die nur ein Hausarzt bieten kann. Kein Onkologe mit noch so modernen

Geräten und literweise Chemotherapien in den buntesten Farben hatte Franziska »Halt-Stopp« zugerufen. Kein Kardiologe hatte Paul Rothsteins verlorene Schritte gezählt und den älteren Herren mit seinen Sorgen ernst genommen. Und kein Reproduktionsmediziner hatte Ines und Lucas den Druck nehmen können, der das Kinderkriegen so schwierig machte.

»Damals, als ich dich auf der Party kennenlernte«, fuhr Joanna fort, »wolltest du Chirurg sein. So wie dein Freund Robert. Der Unterschied ist nur: Robert ist Chirurg, durch und durch. Und das ist auch gut so. Er ist bestimmt ein hervorragender Chirurg. Und das haben auch all die Frauen gespürt, die an ihm wie an einem Popstar hingen. Robert ist Robert, und das passt. Aber du bist nicht Robert. Und wenn du es versuchst, dann ist das nicht stimmig. Und deshalb flogen auch die Frauen auf der Party nur auf ihn, obwohl du erzählt hast, du wärst auch ein toller Chirurg.«

»Du bist auf mich geflogen«, versuchte ich schüchtern.

»Ich liebe ja auch Quallen«, lachte Joanna.

»Nein, ernsthaft. Ich habe verstanden, was du meinst«, sagte ich. »Jetzt muss ich nur noch den blöden Doktor Bach wieder loswerden. Der wird ganz schön sauer sein.«

»Das glaube ich auch«, sagte Joanna. »Wärst du auch an seiner Stelle. Aber sei einfach ehrlich zu ihm. Das spürt er auch, und dann wird er es vielleicht sogar verstehen.«

»Das glaube ich kaum.«

»Versuch's doch einfach.«

Vielleicht sollte ich Martin wirklich einfach die Wahrheit sagen. Auf jeden Fall musste ich ihm schnell etwas sagen, denn der Antrag bei den Krankenkassen auf Verlegung meines Kassenarztsitzes in sein Zentrum war gestellt, und es war nur noch eine Frage von Tagen, bis er genehmigt war. Und wenn das geschah, musste ich in sein Zentrum umziehen und meine kleine Praxis schließen. Und das wollte ich jetzt auf jeden Fall vermeiden.

21

Schlangenherz

Das Gesundheitszentrum Doktor Bach sah bedrohlich aus. Ich stand im Eingangsbereich des Medizin-Tempels und schaute auf den Empfangstresen mit dem künstlichen Wasserfall hinter ihm.

Das letzte Mal, als ich hier gewesen war, hatte ich meinen Patienten dabei. Diesmal war ich ganz alleine. Und meine Aufgabe war sehr persönlich: Ich wollte Martin Bach möglichst schonend mitteilen, dass ich nicht Arzt in seinem Zentrum werden würde.

Nachdem ich mich bei der Empfangsdame angemeldet hatte, nahm ich auf der schwarzen Ledercouch Platz, die am Rand der Eingangshalle stand.

Martin Bach, dachte ich, du hast es wirklich weit gebracht.

»Ist das langweilig«, sagte Martin, während er ein Stückchen Bauchfett in den Eimer neben dem Präpariertisch schmiss. Wir waren im zweiten Semester und hatten denselben Anatomie-Kurs belegt.

»Findest du? Ich finde es spannend«, sagte ich und versuchte, den Durchtritt der Aorta durch das Zwerchfell freizuschneiden.

»Die sind doch alle tot hier. Sollen sie uns doch mal an die Lebenden lassen.«

»Damit die dann auch tot sind?«, lachte ich.

Beim sogenannten Präp-Kurs wurden jeweils zehn Studenten an einer Leiche ausgebildet. Der Kurs ging über ein halbes Jahr, und von der Leiche war am Ende nicht mehr viel übrig. In den ersten Stunden ging es noch um die Haut und die äußeren Strukturen des menschlichen Körpers, aber schnell arbeiteten wir uns ins Innere des Menschen vor. Die Körper waren in Formalin eingelegt, damit sie nicht verwesten und keine Infektionsgefahr für uns darstellten.

Martin präparierte ohne Handschuhe. »Schau mal, wie fett der ist.«

Ich arbeitete mich weiter in Richtung Zwerchfell vor.

»Wie kann man nur so fett sein«, sagte Martin. »Überhaupt keine Selbstdisziplin. Kein Wunder, dass der tot ist.«

»Martin, hör mal auf. Lass uns arbeiten.«

»Mach du mal alleine weiter. Ich hab keine Lust mehr.« Martin fuhr sich mit der Hand durch sein blondes Haar. Kleine Fettgewebe-Stückchen blieben in seiner Frisur kleben. »Ich mache wieder mit, wenn es um richtige Menschen geht. Wenn ich heilen kann und dafür gewürdigt werde.«

»Aber wir müssen doch erst mal lernen, wie das geht.«

»Streber«, sagte Martin zu mir und hatte damit wahrscheinlich sogar recht.

»Aber warte mal!« Martin hatte eine Idee. »Was

hältst du davon«, sagte er leise, »wenn wir dem hier die Ohren abschneiden und an den Hintern nähen. Verstehst du?«, lachte er. »Arsch mit Ohren!«

Ich hätte im Boden versinken können, so peinlich war mir die Situation gewesen. Aber ich hatte nicht den Mut, ihm zu widersprechen. Ich versank lieber in meiner Tätigkeit, die Aorta darzustellen, und glücklicherweise verlor Martin auch gleich wieder die Lust an seinem Plan.

»Ach Quatsch«, sagte er. »Das gibt nur Ärger. Ist es nicht wert.«

Martin Bach war einer dieser Menschen, mit denen man am liebsten nichts zu tun haben wollte, mit denen man aber dennoch immer wieder zusammenstieß. Und so traf auch ich im Laufe meines Studiums immer wieder auf Martin. Wir besuchten gemeinsam die Kurse und Tutorien, wir bildeten eine Lerngruppe und bereiteten uns zusammen auf die Examina vor. Und dass Martin meine Vorlesungsmitschriften kopierte und für einen stolzen Betrag an die Studenten in den Semestern unter uns verkaufte, nahm ich ihm nur ein klein wenig übel.

Martin und ich hätten nicht unterschiedlicher sein können. Ich wollte lernen und verstehen. Und Martin wollte Erfolg und Geld.

Und den Erfolg, den hat er jetzt, dachte ich mit Blick auf die Eingangshalle seines Gesundheitszentrums.

»Hallo, mein Lieber!« Martin strahlte über das ganze Gesicht. »Freust du dich schon, bald hier anzufangen? Ich habe gute Nachrichten.«

Gute Nachrichten? Ich erschrak. Gute Nachrichten

für Martin waren meistens schlechte Nachrichten für mich. Hatten die Krankenkassen etwa meinen Umzug in das Zentrum bereits genehmigt? Dann gab es kein Zurück mehr.

»Komm, mein Lieber. Wir gehen in mein Büro.«

Ich sagte kein Wort, als ich mit Martin im Fahrstuhl stand. Es war auch gar nicht notwendig, Martin redete ohne Punkt und Komma. Er erzählte, wie erfolgreich sein Zentrum inzwischen war und wie modern die Operationssäle. Wie großartig die Bilder der neuen Ultraschallgeräte aussahen. Und wie viel Geld ihn der künstliche Wasserfall jeden Tag kostete. »Aber das ist er wert«, zwinkerte er mir zu. »Jeden Cent. Die Kunden lieben ihn.«

Kunden? In meiner Praxis behandelte ich immer noch Patienten. Ich wusste zwar, dass Bestrebungen der modernen Medizin dazu übergehen, die Patienten als Kunden zu verstehen. Das wollte ich aber nicht. Kunden muss man bedienen, und man muss ihnen alles recht machen. Sonst kommen sie nicht wieder, und das ist schlecht fürs Geschäft. Patienten muss man aber nicht alles recht machen. Man muss sie auch vor den Kopf stoßen dürfen, wenn es für sie wichtig ist. Patienten brauchen unsere Hilfe und verdienen unseren Schutz. Der Kunde ist austauschbar, der Patient nicht – er ist individuell.

»Wieso Kunden?«, fragte ich.

»Das sind doch Kunden. Die bringen uns ihr Geld, also sind es Kunden. Aber das wirst du auch noch verstehen.«

Ich wusste nur nicht, ob ich das verstehen wollte.

»So, mein Lieber. Was kann ich denn für dich tun?« Martin setzte sich an seinen Schreibtisch.

Sein Büro wirkte auf mich noch gewaltiger als bei meinem ersten Besuch. Dass unser Gespräch nicht leicht werden würde, war mir klar gewesen. Aber dass ich mich wie ein kleines Kind beim Bonbon-Stehlen fühlen würde, hatte ich nicht erwartet. Ich schaute an Martin vorbei und ließ meinen Blick durch das Büro gleiten.

Der Schreibtisch war so groß und massiv, man hätte ihn leicht als Floß für eine Amazonasüberquerung verwenden können. Rechts hinter dem Schreibtisch stand eine große Skulptur auf dem Boden, die mir bei meinem letzten Besuch gar nicht aufgefallen war. Sie war ungefähr anderthalb Meter hoch und bestand aus schwarzem Marmor. Ich konnte nicht genau erkennen, was sie darstellen sollte. Drei gebogene Schlangen räkelten sich vom Boden in die Höhe und umschlangen sich gegenseitig. In der Mitte zwischen ihnen war ein Stück dunkelroter Marmor eingelassen. *Schlangenherz* stand auf einem kleinen Messingschild am Sockel der Statue. Irgendwie überkam mich beim Betrachten der Skulptur ein beklemmendes Gefühl. Ich fühlte mich wie der rote Marmor, und Doktor Bach war alle drei Schlangen auf einmal.

Martin lächelte mich an. Wie sollte ich beginnen? Ich hatte meinem alten Studienkollegen zugesagt, in seinem Gesundheitszentrum zu arbeiten, und machte nun kurz bevor es so weit war, einen Rückzieher. Martin Bach war nicht der Mensch, den man so einfach vor den Kopf stoßen durfte. Er war Erfolg gewohnt und ging im Zweifelsfall über Leichen.

Ich atmete tief durch. Ich konnte meine kleine Praxis nicht so einfach aufgeben. Ich wollte nicht in Martins Medizinbetrieb untergehen. Ich liebte mein

Team und meine Patienten mit all ihren Geschichten, ihren Sorgen, Wünschen und Träumen. Es waren vielleicht nicht die großen medizinischen Probleme, die ich jeden Tag löste. Ich verhinderte keine Seuchen und rettete nicht täglich meinen Patienten das Leben. Aber vielleicht machte ich das Leben für viele Menschen ein kleines bisschen erträglicher. Und zum Dank dafür machten sie mein Leben ein Stückchen lebenswerter.

»Was ist los? Was willst du mir sagen?« Martin wurde ungeduldig.

»Ich habe es mir überlegt«, begann ich.

»Was hast du dir überlegt?«, fragte Martin. Sein Blick verfinsterte sich.

»Ich fange doch nicht bei dir an zu arbeiten.«

»Was?«, rief Martin. »Wie stellst du dir das vor?«

Aufrichtig und ehrlich sollte ich sein, hatte Joanna gesagt. Dann würde Martin mich schon verstehen. Das sah im Moment aber gar nicht so aus. Martin sprang von seinem Stuhl auf und lief durch sein Büro wie das HB-Männchen, bei dem man gerade einen bösartigen Lungentumor festgestellt hatte.

»Ich habe für dich extra eine allgemeinmedizinische Abteilung eingerichtet. Und die Zulassung ist auch schon beantragt. Du kannst doch nicht einfach sagen, du fängst bei mir zu arbeiten an. Und ein paar Tage später willst du dann wieder nicht! Was soll das?«

»Ich dachte nur …«

»Du brauchst nicht zu denken. Du musst hier nur funktionieren. Von neun bis achtzehn Uhr. Danach kannst du machen, was du willst.«

Martin fuchtelte mit seinen Händen wild in der Luft herum. Ich sah ihn an und wusste, dass meine Entscheidung, hier nicht anzufangen, goldrichtig war. Ich dachte an meine kleine Praxis, an Christine und Michaela am Tresen und an den künstlichen Wasserfall in der Lobby des Gesundheitsparks. Wollten Patienten wirklich Marmor? Oder war ihnen Menschlichkeit wichtiger? Mein Blick fiel auf den roten Marmor zwischen den drei Schlangen der Skulptur.

Martin schimpfte weiter, aber ich hörte ihm gar nicht mehr richtig zu.

»... der Umbau der Abteilung ...«

Meine Praxis war wie eine Familie für mich. Und das war sie auch für viele unserer Patienten. Und eine Familie zu haben, ist wichtig, das wusste ich. Das wurde mir klar, als Lilli geboren wurde. *Halt-Stopp!* Diese Gesundheitsfabrik würde nie zu einer Familie werden können.

»... niemals überleben, nicht wahr?«

Hatte Martin mir gerade eine Frage gestellt? Ich war so in Gedanken versunken, dass ich seinem Monolog nicht gefolgt war.

»Wie bitte?«, fragte ich unschuldig.

»Hörst du mir überhaupt zu?«

»Natürlich, Martin«, entschuldigte ich mich.

»Dann beantworte mir meine Frage!« Martin presste seine Augen zusammen.

»Nun, ...«

»Hau ab. Geh in deine kleine, alte, miefige Hausarztpraxis, und lass die richtigen Ärzte hier richtige Medizin machen.«

»Ich ...«

»Raus hier! Wir sind miteinander fertig! Du hörst von mir!«

War doch gar nicht so schlimm, dachte ich, als ich das Gesundheitszentrum Doktor Bach verließ und auf die Straße trat. Auf dem Weg zurück in meine Praxis stellte sich ein Gefühl der Zufriedenheit ein. Das hatte ich gut gemacht. Mein Problem war gelöst. Ich würde nicht im Gesundheitspark Doktor Bach anfangen. Ich würde in meiner kleinen, geliebten Hausarztpraxis weitermachen. Das Leben würde sein wie früher. Nur besser. Ich hatte verstanden, warum ich ursprünglich Hausarzt geworden war. Und von diesem Weg würde ich nicht mehr abweichen.

Ich betrat die leere Praxis. Der Empfangstresen war unaufgeräumt, und an der Wand dahinter hing ein billiger Druck, den uns eine Pharmafirma zur Praxiseröffnung geschenkt hatte. Kein Wasserfall, keine Ledercouch. Aber ganz viel Seele.

Ich ging in mein Sprechzimmer und setzte mich an meinen kleinen Tisch. Keine Skulptur hinter mir, kein Marmor, nur das kleine Fenster zur Straße. Ich war glücklich. So hatte ich mir das immer gewünscht.

Ich lehnte mich auf meinem Stuhl zurück und verschränkte die Arme im Nacken. Morgen würde ich wieder Sprechstunde abhalten, und ich freute mich schon auf all die Geschichten, die mir meine Patienten schenken würden. Ich war stolz auf all das Lachen und all die Tränen, die in diesem Zimmer schon geteilt wurden.

Als ich mich zufrieden in meinem Stuhl zurücklehnte, fiel mein Blick auf einen ungeöffneten Brief, der irgendwie zwischen meine Unterlagen gerutscht sein musste. »Kassenärztliche Vereinigung Berlin« stand auf dem Kuvert. Ich riss es mit zitternden Händen auf. Nein, das darf nicht sein!, dachte ich. Nicht die Zulassungsverschiebung. Nicht jetzt!

Ich weiß nicht, wie es der menschliche Körper biochemisch bewerkstelligt, alle Glückshormone innerhalb einer Sekunde abzubauen. Aber es fühlte sich an, als würde eine große Discokugel auf dem Boden aufprallen und in tausend Scherben zerspringen.

Die Kassenärztliche Vereinigung teilte mir die Beendigung meiner Zulassung als Kassenarzt mit und beglückwünschte mich zur erfolgreichen Übertragung des Kassensitzes auf das Gesundheitszentrum Doktor Bach. Mit sofortiger Wirkung hätte ich meine Tätigkeit an meinem jetzigen Standort einzustellen.

22

Auf zu neuen Ufern

Der Wind in meinem Gesicht und der salzige Geschmack des Meeres erinnerten mich an meinen ersten Urlaub mit Joanna. Ich schaute über die Reling des Kreuzfahrtschiffes und sah zu, wie die Skyline des Hamburger Hafens in der Ferne verschwand. Es war wirklich ein Zufall, dass die Kreuzfahrtgesellschaft in letzter Sekunde noch einen Allgemeinarzt an Bord ihres neuen Luxusliners benötigte. Auch bei Kreuzfahrten gibt es kranke Menschen und bestimmt viele Geschichten. Und die sechs Monate an Bord würden mir sicher guttun.

Meine kleine Praxis am Stadtrand würde ich trotzdem vermissen. Da war ich mir sicher. Martin Bach hatte meine Zulassung übernommen und einen jungen Allgemeinarzt aus der benachbarten Klinik eingestellt. Meine Patienten würden gut versorgt sein. Aber dennoch wurde mir schwer ums Herz, wenn ich an all die Menschen dachte, die mich in den letzten Jahren begleitet hatten. An meine Patienten und mein Praxis-

Team, das Bach mit Kusshand übernommen hatte. Ich hatte natürlich sofort eine neue Zulassung bei der Kassenärztlichen Vereinigung beantragt, aber die Genehmigung würde Zeit brauchen. Viel Zeit. Die Ämter in Deutschland lassen sich nicht hetzen. Ich blickte auf die Elbe und in die untergehende Sonne.

»Vielleicht ist ein Tapetenwechsel auch mal gut für uns.« Joanna hatte Lilli aus dem Kinderwagen genommen und drückte sich an mich. Ich nahm sie in den Arm und nickte. Aber so richtig glaubte ich ihr das nicht.

»Entschuldigen Sie bitte!« Eine dicke Frau in einem türkisfarbenen Sommerkleid stand hinter mir und zupfte an meinem Hemd. »Sind Sie der Schiffsarzt?«

Ich trug die Uniform, die mir die Reederei zur Verfügung gestellt hatte, und neben mir stand eine Arzttasche mit einem aufgedruckten großen roten Kreuz. Es war nicht zu leugnen: Ich war der Schiffsarzt.

»Ja«, antwortete ich und hielt Joanna weiterhin fest in meinem Arm, wollte den Augenblick noch für den Bruchteil einer Sekunde genießen.

»Könnten Sie bitte mal rasch kommen?« Die türkise Dame drängelte. »Mein Mann atmet so komisch … also eigentlich atmet er gar nicht mehr so richtig. Er liegt einfach auf dem Boden.«

Ich ließ Joanna sofort los, nahm meine Tasche und eilte der Frau hinterher. Als ich mich im Gehen noch einmal kurz zu meiner kleinen Familie umdrehte, sah ich, wie meine Frau unserer Tochter einen Kuss auf die Stirn gab.

Ja, das ist das Leben. Freude, Leid, Angst und Liebe. Alles dicht beisammen. Und ich mittendrin.

Karl Kruszelnicki

Warum Enten Dialekt sprechen

und andere kuriose Phänomene aus der Wissenschaft. 240 Seiten. Piper Taschenbuch

»Klüger werden mit Karl Kruszelnicki.«
Der Spiegel

Bekommt man von Schokolade Pickel?
Können Kamele in ihren Höckern Wasser speichern? Und hemmt Fernsehen tatsächlich unser Wachstum?

Der Physiker und Wissenschaftskomödiant Karl Kruszelnicki geht in seinem Buch den unglaublichsten naturwissenschaftlichen Fragen auf den Grund und räumt auf mit Mythen und Legenden – verständlich, kompetent und unterhaltsam.

05/2767/01/L

Bastian Bielendorfer

Lebenslänglich Klassenfahrt

Mehr vom Lehrerkind. 320 Seiten. Piper Taschenbuch

»Bastian Bielendorfer ist eine echte Entdeckung«
Frank Plasberg

Immer wenn Basti die Riemen seines Wanderrucksacks in die speckigen Ärmchen schneiden, wird es lustig – für die anderen. Denn der Spion des Lehrerzimmers ist auch jenseits des Schulhofs so beliebt wie ein alter Mettigel. Macht aber nichts, denn nur einer kann so schön allein in Zweierreihen gehen …

In seinem neuen Buch verbringt Lehrerkind Bastian Bielendorfer unbequeme Nächte in 0,5-Sterne-Jugendherbergen, verliebt sich in eine Austauschschülerin und geht als fleischige Skisupernova in die Geschichte der Alpen ein.

05/2765/01/R